46

亿年的奇迹

地 球 简 史

日本朝日新闻出版 著

杨梦琦 王盈盈 张齐 译

显生宙
新生代

2

人民文学出版社

PEOPLE'S LITERATURE PUBLISHING HOUSE

冯伟民先生是南京古生物博物馆的馆长，是国内顶尖的古生物学专家。此次出版"46亿年的奇迹：地球简史"丛书，特邀冯先生及其团队把关，严格审核书中的科学知识，并作此篇导读。

"46亿年的奇迹：地球简史"是一套以地球演变为背景，史诗般展现生命演化场景的丛书。该丛书由50个主题组成，编为13个分册，构成一个相对完整的知识体系。该丛书包罗万象，涉及地质学、古生物学、天文学、演化生物学、地理学等领域的各种知识，其内容之丰富、描述之细致、栏目之多样、图片之精美，在已出版的地球与生命史相关主题的图书中是颇为罕见的，具有里程碑式的意义。

"46亿年的奇迹：地球简史"丛书详细描述了太阳系的形成和地球诞生以来无机界与有机界、自然与生命的重大事件和诸多演化现象。内容涉及太阳形成、月球诞生、海洋与陆地的出现、磁场、大氧化事件、早期冰期、臭氧层、超级大陆、地球冻结与复活、礁形成、冈瓦纳古陆、巨神海消失、早期森林、冈瓦纳冰川、泛大陆形成、超级地幔柱和大洋缺氧等地球演变的重要事件，充分展示了地球历史中宏伟壮丽的环境演变场景，及其对生命演化的巨大推动作用。

除此之外，这套丛书更是浓墨重彩地叙述了生命的诞生、光合作用、与氧气相遇的生命、真核生物、生物多细胞、埃迪卡拉动物群、寒武纪大爆发、眼睛的形成、最早的捕食者奇虾、三叶虫、脊椎与脑的形成、奥陶纪生物多样化、鹦鹉螺类生物的繁荣、无颌类登场、奥陶纪末大灭绝、广翅鲎的繁荣、植物登上陆地、菊石登场、盾皮鱼的崛起、无颌类的繁荣、肉鳍类的诞生、鱼类迁入淡水、泥盆纪晚期生物大灭绝、四足动物的出现、动物登陆、羊膜动物的诞生、昆虫进化出翅膀与变态的模式、单孔类的诞生、鲨鱼的繁盛等生命演化事件。这还仅仅是丛书中截止到古生代的内容。由此可见全书知识内容之丰富和精彩。

每本书的栏目形式多样，以《地球史导航》为主线，辅以《地球博物志》《世界遗产长廊》《地球之谜》和《长知识！地球史问答》。在《地球史导航》中，还设置了一系列次级栏目：如《科学笔记》注释专业词汇；《近距直击》回答文中相关内容的关键疑问；《原理揭秘》图文并茂地揭示某一生物或事件的原理；《新闻聚焦》报道一些重大的但有待进一步确认的发现，如波兰科学家发现的四足动物脚印；《杰出人物》介绍著名科学家的相关贡献。《地球博物志》描述各种各样的化石遗痕；《世界遗产长廊》介绍一些世界各地的著名景点；《地球之谜》揭示地球上发生的一些未解之谜；《长知识！地球史问答》给出了关于生命问题的趣味解说。全书还设置了一位卡通形象的科学家引导阅读，同时插入大量精美的图片，来配合文字解说，帮助读者对文中内容有更好的理解与感悟。

因此，这是一套知识浩瀚的丛书，上至天文，下至地理，从太阳系形成一直叙述到当今地球，并沿着地质演变的时间线，形象生动地描述了不同演化历史阶段的各种生命现象，演绎了自然与生命相互影响、协同演化的恢宏历史，还揭示了生命史上一系列的大灭绝事件。

科学在不断发展，人类对地球的探索也不会止步，因此在本书中文版出版之际，一些最新的古生物科学发现，如我国的清江生物群和对古昆虫的一系列新发现，还未能列入到书中进行介绍。尽管这样，这套通俗而又全面的地球生命史丛书仍是现有同类书中的翘楚。本丛书图文并茂，对于青少年朋友来说是一套难得的地球生命知识的启蒙读物，可以很好地引导公众了解真实的地球演变与生命演化，同时对国内学界的专业人士也有相当的借鉴和参考作用。

冯伟民

2020 年 5 月

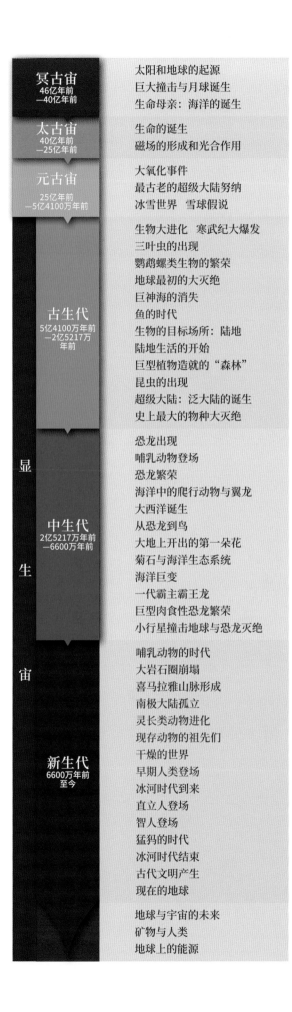

CONTENTS
目录

灵长类动物进化

5600 万年前—3390 万年前

[新生代]

新生代是指从 6600 万年前开始持续至今的时代。在这一时期，哺乳动物、鸟类以及被子植物等取代中生代的恐龙，迎来了全盛时期。不久，在它们之中，一个新的角色隆重登场，那就是我们——人类。

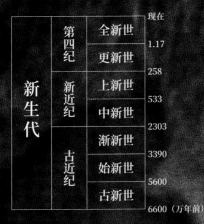

新生代	第四纪	全新世	现在
			1.17
		更新世	
			258
	新近纪	上新世	
			533
		中新世	
			2303
	古近纪	渐新世	
			3390
		始新世	
			5600
		古新世	
			6600（万年前）

—顾问寄语—

京都大学灵长类研究所教授　高井正成

包括我们人类在内的灵长类，在恐龙时代适应了树上的生活，并继续繁衍、分化。

一些小动物的"手脚"具备了抓握能力，双眼都朝向前方，发展出了立体视觉。

它们逐渐获得了发达的色觉，体形也变得越来越大，开始在地面生活。

另一方面，逐渐发育的大脑使它们结成了具有复杂社会结构的群体。

接下来就让我们详细地来看一看孕育了人类的灵长类是如何进化演变的吧。

灵长类动物的乐园

在美国俄勒冈州的自然风景中，彩色的土壤地层特别令人印象深刻。如今这里是一片苍凉孤寂的荒野，地层却色彩斑斓，仿佛是被一只无形的巨手刷了层油漆。约4000万年前这里曾森林密布，是灵长类动物的乐园。如果能在当时探访这片区域，一定会看到一群与现生猴类模样相同的灵长类，它们在阔叶树树枝间灵活地攀跃，自由自在地生活着。

色彩斑斓的地层是约翰迪化石床国家纪念地公园的主要特征

位于美国俄勒冈州东北部的约翰迪化石床国家纪念地公园，是世界屈指可数的化石产地，这里曾发掘出大量4400万年前—500万年前的动植物化石。图中的山丘被称作"彩绘山"，之所以呈现出这别具一格的颜色特征，是因为这里曾经是一片漫滩。

"色彩"丰富的世界

古近纪始新世早期，美国的俄勒冈州植被茂盛，森林密布。森林里来回穿梭着与现生眼镜猴极为相似的德氏猴。作为最早的灵长类，它们基本上都是捕捉昆虫为食。但是在这个时期，哺乳动物重新获得了一度在恐龙时代失去的色觉，能够通过颜色来分辨果实和捕食者，生活从此发生了极大的改变。图中的小猴子正悄悄地伸出手去摘取藏在绿叶中的泛红果子。

重新获得高度色觉

一度消失的能力得到恢复！

早期灵长类再度看见色彩斑斓的世界

与其他哺乳动物不同，灵长类的视觉能力不停地进化提升，直到可以辨别复杂的颜色。这与恐龙灭绝前后的环境有着莫大的干系。

恐龙时代一度消失的高度色觉

新生代的灵长类视觉进化，发展出了立体视觉，在这个时期，"看见"的能力有了飞跃性的提升。绿色的树叶、红色的果实以及身后一望无际的蓝天，它们所看见的一切景物都是通过颜色来加以分辨。

和具有四色视觉的鱼类一样，早期哺乳动物从出生起就拥有与其爬行类祖先一样的高度色觉。然而，在中生代，绝对捕食者恐龙称霸地球时，哺乳动物为避免被猎食，开始只在晚上出没。由于长时间在缺乏色彩感的夜间活动，色觉变得越来越不重要直到被淘汰，这些哺乳动物也就成了仅仅能够辨别简单色调的二色视觉动物。

到白垩纪末，恐龙迎来了大灭绝，地球上的绝对霸主不复存在。由于猎食者的消失，哺乳动物开始广泛出没于各种环境。在环境的影响下，灵长类的视觉能力不停地进化提升，尽管没有恢复到四色视觉，但是已经重新获得了三色视觉，能够通过颜色清楚地分辨出食物和猎食者。目前我们人类能够在日常生活中感知色彩丰富的大世界，也是得益于这个时期灵长类动物色觉的恢复。

从绿叶丛中摘取红色果实的早期灵长类——德氏猴

| Teilhardina |

眼镜猴的祖先——始镜猴类的德氏猴摘取红色果实的想象图。始新世时期，夜行性灵长类在微亮的环境中渐渐恢复了三色视觉。

动物看风景的方法……

四色视觉

鸟

变色龙

龟

鱼

现生动物的色觉差异

我们来对比一下不同动物眼中看到的景物模样。以夜猴为代表的一部分夜行性哺乳类和以鲸鱼为代表的海洋哺乳类属于一色视觉动物，它们看到的世界都是单色的。二色视觉是把红绿两种颜色同化成其中一种。四色视觉是超出我们人类想象的辨色能力，很难再现。虽然在两栖类的眼睛中尚未发现视绿质，但是生物学家推测它们是四色视觉动物。

一色视觉

狸　　夜猴

鲸

三色视觉

大猩猩　　人类

日本猴

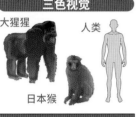

二色视觉

马　　猫

牛

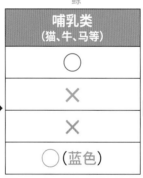
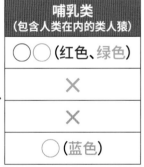

		鱼类	两栖类	爬行类	鸟类	哺乳类（猫、牛、马等）	哺乳类（包含人类在内的类人猿）	夜行性哺乳类中的一部分海洋哺乳类
感光物质的种类	视红质	○	○	○	○	○	○○（红色、绿色）	○
	视绿质	○	?	○	○	×	×	×
	视蓝质	○	○	○	○	×	×	×
	视紫质	○	○	○	○	○（蓝色）	○（蓝色）	×

现在我们知道！

三色视觉使分辨红绿色成为可能

现在，人类的周围环绕着各种各样的颜色，那么我们是怎样区分这些颜色的呢？

颜色是一个非物质化存在。太阳等物体会发出不同波长[注1]的光，人类眼球内部视网膜上的视细胞在感知到这些光后，会迅速通过视神经将所获信息传送到大脑，然后大脑做出分析判断，颜色由此产生。换句话说，我们人类的大脑自动把不同波长的光"翻译"成颜色。

感光物质由 2 种增至 3 种时产生的色觉

二色视觉、三色视觉、四色视觉到底是指什么？

视细胞分为视杆细胞和视锥细胞两种。视杆细胞能够在昏暗的地方感知微光，视锥细胞能够感知白昼的强光，而色觉的产生与视锥细胞相关。视细胞中有种被称为视蛋白的感光物质，色觉因视锥细胞中感光物质的增加而产生。

能感受短波的是视蓝质，感受中波的是视绿质，感受长波的是视红质，如果 3 种感光物质同时存在的话，就是三色视觉。具有视红质和视蓝质 2 种感光物质的是二色视觉。每种感光物质相互组合对光的刺激产生反应，眼睛就能分辨出更多的颜色。比起 2 种感光物质的组合，3 种感光物质组合而成的种类更加丰富。

哺乳动物原本同鱼类和爬行类一样具有四种感光物质。但是，在中生代，由于哺乳动物只在夜间活动，视细胞中的视绿质和视蓝质退化消失。到新生代以后，它们找回了其中 1 种，变成了三色视觉动物。

原本退化消失的感光物质很难重新发育，灵长类到底是怎么重新拥有三色视觉的呢？实际上，是因为它们巧妙地运用了视紫质和视红质这 2 种感光物质。把视紫质用作视蓝质，从视红质分化出视绿质，就这样配齐蓝、红、绿 3 种感光物质后重新获得了三色视觉。

夜间活动时期就具备三色视觉？

重新获得三色视觉，辨别颜色的能力不断提升，对于动物有哪些益处呢？

最大的益处就是可以不受光闪的干扰，通过颜色清晰地区分对象。比如，在海洋的浅滩处，海水波光粼粼，海洋生物能够避免波光的干扰，通过颜色判断对象的形态特征。

◻ 三色视觉的优势

灵长类能够分辨多种颜色，在生存过程中可以获取各种各样的信息。通过颜色分辨植物的同时色彩也渐渐丰富起来，色彩与色觉之间是一种相互促进共同发展的关系。

发现捕食者	接收雌性发情期发出的求偶信号	分辨食物
因为能分辨出黄色，所以可以发现森林里正瞄准自己的捕食者。始新世早期有一种肉齿类肉食性哺乳动物，从很远的地方就能发现这样的捕食者了吧。	雌性大狒狒发情时，臀部会变得红肿发亮，雄性狒狒看到红色，接收到可交配的信号。有观点认为，正因为狒狒能够分辨颜色，才会在发情期把臀部变红。	不仅能够从绿叶丛中发现各种颜色的果实，还能够根据颜色区分出果子有没有成熟，可不可以食用。甚至，它们从远处看过去就能分辨颜色的差异。

在对红光波和绿光波产生刺激反应的过程中，察觉到附近出现捕食者，例如豹子

发情期的雌性大狒狒，把臀部变红是对雄性释放的求偶信号

果实是灵长类的主要食物。从绿叶丛中分辨出泛红的果实是它们最大的优势

通过分辨颜色来掌握各种信息！

族群中同时拥有二色视觉和三色视觉的新大陆猴

生活在中南美的新大陆猴，如卷尾猴（右图），是同种族中罕见的二色视觉和三色视觉混杂的灵长类，是解开色觉进化之谜的珍贵研究对象。

因此，鱼类发育出四色视觉的高度色觉可以说是适应环境的必然结果。

那灵长类又是什么情况呢？它们最突出的优势是能够分辨红色和绿色，轻而易举地从绿叶丛中摘取红果子。灵长类栖息的森林里，树叶不停地摆动，阳光从树叶间的缝隙中照射进来。在这种环境下，通过颜色区分食物和捕食者的能力，对灵长类来说非常有利。最近有研究表明，三色视觉灵长类与只能分辨2种颜色的二色视觉动物不同，它们能分辨出远处更加复杂的颜色。

更有观点认为，始新世时期，现生夜行性眼镜猴的祖先中，有些就已经发育出了三色视觉。它们并不是因为日间活动才进化出三色视觉的，而是当它们还是夜行性动物时，就已经拥有了三色视觉。正因如此，才驱使它们从夜晚转向能够充分利用色觉能力的白天活动。

到底是什么原因使得哺乳动物中只有灵长类获得了三色视觉？对此，生物学界至今尚未给出明确的定论，唯一可以确定的是，因为5000多万年前灵长类重新获得了三色视觉，现在的人类才能感知丰富多样的颜色，这是祖先留给我们的宝贵财富。

科学笔记

【波长】 第10页注1

光具有波的特性，波峰与波峰之间、波谷与波谷之间的距离叫作波长。电磁波谱中人类的眼睛可以感知的光称为可见光。波长最短的是紫光，最长的是红光，中间由短到长依次是蓝、青、绿、黄、橙。

🔍 近距直击 ● ● ●

人类是罕见的拥有多样色觉的灵长类

几乎所有的狭鼻猴类都具备稳定的三色视觉，而且同种族内色觉均一。但是属于狭鼻猴类的人类是个例外。部分人类难以分辨红色和绿色，一定程度上存在着变异三色视觉和二色视觉。纵观整个狭鼻猴种群，这种现象只是人类多样性特征的一个具体表现。

色觉能力测试结果表明，在狭鼻猴类种群中，人类的色觉类型多样性特征尤为突出

3. 视细胞把客体成像转化成电信号

客体在视网膜成像,视网膜上的视细胞感知到光的亮度与波长,进而转化成电信号。

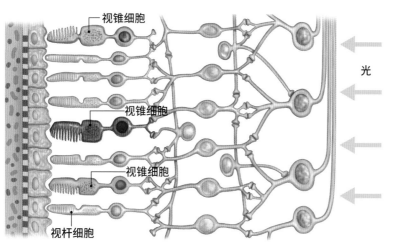

视锥细胞
视锥细胞
视锥细胞
视杆细胞

光

视细胞的构造

视网膜上的视细胞分为对弱光敏感的视杆细胞和对太阳等强光产生刺激反应、能够辨别出颜色的视锥细胞。视杆细胞外段呈长杆状,内含很多个重叠成层且排列整齐的圆盘状结构——膜盘;视锥细胞外段呈圆锥状,细胞膜内陷折叠而成,感知光波信息并转化为电信号。视细胞上排列分布着视杆细胞和视锥细胞,从而能感知从深夜柔和的星光到白昼强烈的太阳光等多种不同的光亮。

3种波长感受器让颜色得以辨别

人类的视觉细胞中,具备对短波(曲线S)产生刺激反应的视蓝质、对中波(曲线M)产生刺激反应的视绿质和对长波(曲线L)产生刺激反应的视红质。这3种感光物质相互组合,据说可以辨别多达100万种的颜色。

3种感光物质对不同光波的反应强度示意图(左),纵轴表示反应强度,横轴表示波长。3种感光物质的刺激反应相互组合,感知的颜色如右图所示。

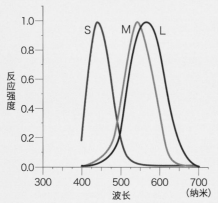

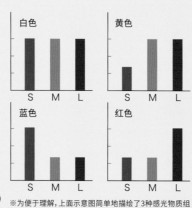

白色　黄色
蓝色　红色

※为便于理解,上面示意图简单地描绘了3种感光物质组合时所辨别出的颜色。

4. 电信号通过视神经传送到大脑

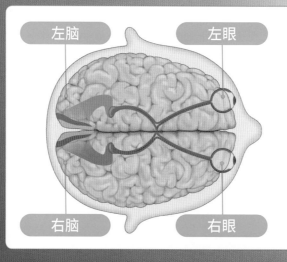

左脑　左眼
右脑　右眼

光波经视细胞转化为电信号,再通过布满视网膜并在眼球内部汇集成束的视神经,传送到大脑。此时左眼接收的光信号传送到左脑,右眼接收的光信号传送到右脑,还有一部分交叉传送。

原理揭秘

眼球的构造和辨色原理

2. 客体在视网膜处成像

晶状体聚焦后客体在眼球内部的视网膜上成像。由于角膜和晶状体的屈光作用，此时的成像不同于客体本身，位置呈上下左右颠倒。

1. 光线射入，晶状体聚焦

客体反射的光在眼球前面的角膜处折射进入晶状体后，再次折射然后聚焦。这时，眼睛内部的睫状体会根据与客体的距离，调节晶状体的曲度达到聚焦的效果。

视网膜
眼球内部的透明膜，膜上有感受光和颜色刺激的视觉细胞。

晶状体
是一个双凸面透明组织，能够通过自身曲度的变化调节焦距，使客体在视网膜处完美成像。

角膜
眼球前端一层透明薄膜，可使外部射入的光线发生折射。

视神经
是由传导神经冲动的约100万根神经纤维（神经元胞质的延长部分）构成的。

睫状体
晶状体周围调节其曲度的环形增厚部分。当睫状体收缩时，晶状体曲度增大；睫状体放松时，晶状体变得较为扁平。

简单来说，就是视细胞对短波、中波、长波这3种光波的刺激产生反应后，将信息传送到大脑，大脑再做出判断。我们人类是通过什么样的方式感知客体的光亮，然后辨别颜色的呢？下面将根据人类眼球的截面图按顺序逐步解析，经过一环扣一环的复杂连锁反应后，人类才最终精确地分辨出颜色。

5. 大脑做出判断，颜色被辨别

经由左右眼球的视神经传送到大脑的视觉信息，在视皮层经过解析处理后，人类便能从客体成像中辨别出颜色。而且，图像上下左右颠倒的方向也回归正常。

类人猿登场

从面部似鼠进化成面部似猴，类人猿出现

在约 6500 万年前的古新世时期，地球上出现了类人猿，它们的双手能够灵活地抓握物体，眼睛可以看到周围立体的景物。拥有了这些新生能力的类人猿连面貌也发生了变化。

面部特征大变样。

视觉的进化带来了面貌的变化

约 6500 万年前的古新世时期，我们人类所属的灵长类发育出抓握能力和立体视觉[注1]后登上了历史舞台。但是，除了能力上的区别，当时灵长类的面貌与其他哺乳类并没有大的不同。发育出立体视觉后，虽然双眼的位置从脸的两侧转移到脸的前方，但是整张脸看上去仍似鼠类，较长的鼻尖突出于面部前方。当时灵长类与我们所认识的现生猿猴的形象相差甚远。然而，不久后就出现了完成面貌进化的"猴脸"灵长类，它就是约 3500 万年前的始新世晚期登场的类人猿。

为了进一步提升立体视觉的精度，类人猿的双眼开始向正前方移动，鼻尖变短，头骨处还长出了支撑眼睛的壁状骨，称为"眼眶后壁"。这块骨头虽然只是身体骨骼中很小的一部分，对灵长类来说却起着巨大的作用。它不仅有利于视觉能力的提升，还促使灵长类的捕食行为发生了变化。

类人猿出现后，灵长类逐渐向高智商猿猴进化演变。接下来，就让我们追踪了解下人类的直系祖先类人猿的进化轨迹。

最早的类人猿
埃及猿

| *Aegyptopithecus* |

生活在渐新世早期,是原始类人猿的一种,因在埃及被发现而得名。这是埃及猿的复原图。它的面貌就是我们所说的"猴脸"。

◘ 对比始镜猴类、类人猿类的化石及其侧脸的差异

类人猿类是从活跃于始新世(5600万年前—3390万年前)时期的灵长类始镜猴类进化而来的。比较它们头骨处的眼窝与侧脸,差异一目了然。下面,我们以始镜猴类的代表性猿猴尼古鲁猴和类人猿类的埃及猴为例进行对比。

尼古鲁猴

侧脸的对比

比较两幅复原图,我们可以看出上面的尼古鲁猴鼻尖较长、眼距稍宽,面貌近似于老鼠和猫;而埃及猴鼻尖较短,面貌更近似于现生猿猴。

尼古鲁猴
| *Necrolemur* |

始新世中、晚期生活在欧洲的始镜猴类。有一对延伸至脸的侧面、大且深的眼窝,头顶部骨头上有一条骨缝。

埃及猴

眼眶后壁
眼窝深处的壁状部分,由多块骨头围合而成。至于进化形成的原因,除了防止眼球晃动外,还有很多重要因素。

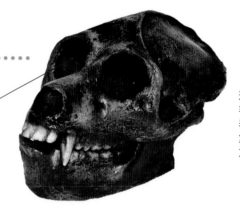

埃及猴
| *Aegyptopithecus* |

这是渐新世早期生活在非洲大陆埃及地区的代表性早期类人猿的化石复制品。眼窝位于脸的前方,鼻子短小。

现在我们知道!

眼眶内部发育出壁状骨,视觉能力得到进一步进化

头骨处的眼眶内部发育出壁状骨,被称为"眼眶后壁",这一身体构造成为揭示3500万年前始新世晚期登场的类人猿身体进化的关键。在所有的哺乳动物中,只有类人猿发育出了眼眶后壁,那么这块支撑眼睛的壁状骨到底有什么用处呢?

进食时晃动的双眼

早期灵长类发育出立体视觉和"手脚"抓握能力,能够轻松地摘取果实,捕食虫类。但是在进食阶段却出现了问题。

现代人类的头骨处长着颞肌,连接着头顶与下颚。因为这块肌肉的存在,每当下颚活动时,从下颚直至鬓角的部分都会跟着活动。然而类人猿以外的灵长类却不同,它们的颞肌挨着眼球,当它们咀嚼食物时,两眼会跟着晃动。所以它们进食时看到的景物也是摇摆晃动的,焦点极不稳定。而灵长类在日常生活中又非常依赖于立体视觉能力,焦点不定会给它们捕食带来不便。为了防止咀嚼食物时两眼晃动,

---

杰出人物

文化人类学家
今西锦司
(1902—1992)

日本灵长类研究的奠基人

第二次世界大战结束后不久的1948年,日本京都大学的免费讲师今西锦司为了从野生动物中探寻人类社会的起源,开始研究日本猴,由此开创了日本灵长类研究的先河。后来,今西锦司带领团队去到日本九州的幸岛和高崎山,通过饲养日本猴来观察它们的社会行为,其研究成果令世界瞩目,同时也使得日本的灵长类学研究取得了飞跃式的发展。

灵长类的进化系统图

从约6500万年前登场的更猴类开始,始新世时期兔猴类、始镜猴类等灵长类发展繁盛。虽然二者在渐新世灭绝,但是它们的子孙与现生灵长类有着密切的关系。

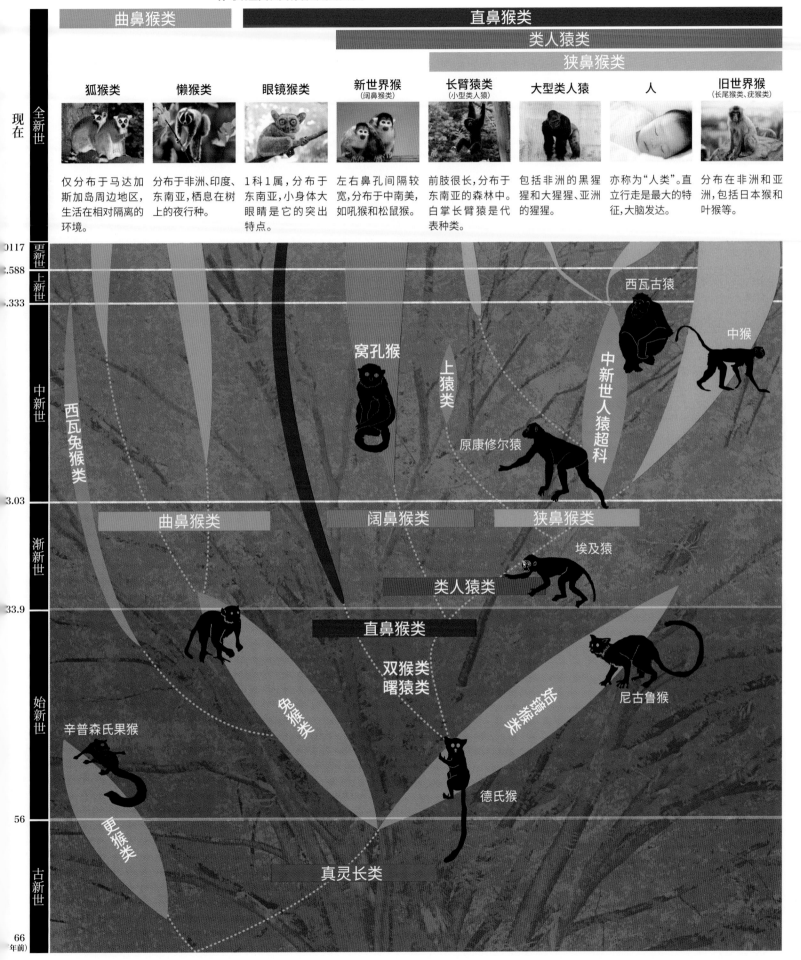

曲鼻猴类

直鼻猴类

类人猿类

狭鼻猴类

狐猴类	懒猴类	眼镜猴类	新世界猴 (阔鼻猴类)	长臂猿类 (小型类人猿)	大型类人猿	人	旧世界猴 (长尾猴类、疣猴类)
仅分布于马达加斯加岛周边地区,生活在相对隔离的环境。	分布于非洲、印度、东南亚,栖息在树上的夜行种。	1科1属,分布于东南亚,小身体大眼睛是它的突出特点。	左右鼻孔间隔较宽,分布于中南美,如吼猴和松鼠猴。	前肢很长,分布于东南亚的森林中。白掌长臂猿是代表种类。	包括非洲的黑猩猩和大猩猩、亚洲的猩猩。	亦称为"人类"。直立行走是最大的特征,大脑发达。	分布在非洲和亚洲,包括日本猴和叶猴等。

现在 / 全新世

.0117

更新世

.588

上新世

.333

西瓦古猿

中猴

窝孔猴

上猿类

中新世 / 中新世人猿超科

西瓦兔猴类

原康修尔猿

3.03

曲鼻猴类

阔鼻猴类

狭鼻猴类

渐新世

埃及猿

类人猿类

33.9

直鼻猴类

双猴类
曙猿类

兔猴类

始镜猴类

尼古鲁猴

始新世

辛普森氏果猴

德氏猴

56

更猴类

古新世

真灵长类

66
(年前)

类人猿登场

长着"猴脸"的灵长类就在这里出没。

新生代灵长类的化石产地
埃及法尤姆

埃及北部地区法尤姆分布着从始新世晚期到渐新世早期的地层。生物学家曾在这里发掘出大量的灵长类化石。除此之外，这个地层中还存在着许多原始象等哺乳动物化石。由此，生物学家判断在当时，这里很可能是哺乳动物分化演变的核心地区。

就必须把颞肌和眼球隔开。生物学家认为，正因如此，类人猿眼窝深处才进化出眼眶后壁。具备了眼眶后壁的类人猿在进食的同时还能快速准确地抓取食物。

在不断变冷的地球幸存下来的类人猿

从约6500万年前的古新世早期灵长类诞生到始新世晚期类人猿登场，历经

3000万年。在此期间，灵长类到底经历了怎样的发展演变？

古新世早期，地球上出现了拥有立体视觉和"手脚"抓握能力的灵长类祖先——更猴类。约5400万年前的始新世前半期，灵长类迅速扩张到北美、欧洲以及亚洲地区，出现了兔猴类与始镜猴类两大系统。兔猴类体形较大、鼻子长，渐新世时期几乎灭绝，现生狐猴被认为是从这个体系演变而来的。而始镜猴类是如同松鼠一般的小型种，与兔猴类相比，鼻子较短。

那么始镜猴类是何时分化出类人猿的呢？对于类人猿出现的具体时间和地点，学界至今看法不一。但可以确定的是，它们出现于3500万年前的始新世晚期。

当时，生活在北美大陆的兔猴类和始镜猴类不能适应地球寒冷的气候，同时灭绝。由于北美大陆是一个孤立的板块，

它们无法向温暖的低纬度地区迁徙。另一方面，生活在欧洲和亚洲大陆上的种群，因向非洲大陆北部和南亚地区等温暖地区迁徙，少量存活了下来。有学者认为，类人猿就是在这个时期登场并实现了种群繁荣。而在埃及北部地区法尤姆的地层中发掘出拥有完整眼眶后壁的类人猿化石便证实了这一观点。

这些类人猿视力稳定，渐渐地可以进行复杂的活动。它们在渐新世中期又分化为狭鼻猴类[注2]和阔鼻猴类[注3]。在分化过程中，它们的大脑逐渐发育，奠定了现在人类大脑结构的基础。经过数千万年岁月的更迭，狭鼻猴类中的某些种群最终进化成人类。

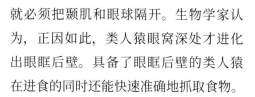

科学笔记

【立体视觉】 第14页 注1
因左右两眼的视差，大脑可以通过对比左右眼视网膜上不同的成像，自动区分出物体的距离远近，从而产生强烈的立体感。双眼越朝向正前方，产生的立体感越强。

【狭鼻猴类】 第18页 注2
是左右鼻孔靠近且朝下的猴类（包括人类）的总称。除人类以外，主要分布在亚洲和非洲。由包含日本猴的旧大陆猴、包括人类与大型类人猿的人科动物构成。

【阔鼻猴类】 第18页 注3
是指左右鼻孔距离较宽的猴类。主要生活在现在的中南美洲，又被称为新大陆猴，包括吼猴、卷尾猴、松鼠猴、狨猴等，大多数猴子的尾巴可以缠绕在树枝上。

观点碰撞

兔猴类的起源？
引起广泛争论的化石

1982年，一名考古爱好者在德国西南部的麦塞尔化石坑意外收获了一块兔猴类的完整化石，2009年德国的古生物学者认定它是始新世中期的兔猴类的早期种类。因其模样近似于类人猿，所以"类人猿=兔猴起源说"一时甚嚣尘上。这块神秘的化石，包括它的整个发掘过程，引起了全世界的广泛争论。

这块在麦塞尔发现的化石轰动了整个世界，为纪念进化论的创立者达尔文，科学家将其命名为『达尔文猴』

化石的发现引发关于类人猿起源的讨论

亚洲还是非洲?

东南亚的缅甸是一个南北宽、东西窄的国家,伊洛瓦底江穿过缅甸中部向南流去。其流域内大面积分布着始新世晚期(约3800万年前)的邦唐组地层(右图)。从20世纪初开始,这里就不断发掘出种类丰富的陆地哺乳类化石,其中包括邦唐猴和双猴2种灵长类化石。生物学家经过分析后认为,作为这个时期的灵长类,它们的体形较大,牙齿和下颚的形态有了进化,因此判定它们为类人猿。而且这些化石在当时发掘出的类人猿化石中年代最为久远,因此被当作人类东亚起源说的有力证据。然而,对非洲始新世末期地层进行发掘考察的研究人员却持强烈的反对意见,他们认为类人猿的起源地是非洲,而不是亚洲,因为在埃及法尤姆地区发现的灵长类进化程度更高。而且邦唐猴不在类人猿的范围内,它们是现生狐猴的祖先,兔猴类的一种。

日本京都大学灵长类研究所考察研

■ 始新世早期的世界地图

图中白点标记都是始新世早期的化石被发掘位置。图中的大陆名和地名使用的都是现在的名称。

究组自1998年以来对邦唐地区进行发掘考察,发现了包括新属种"缅甸猿"在内的多个灵长类化石(左下图)。加上当时在同区域进行考察的法国小组的发掘成果,发现的化石种类多达7种,而且这个数字近些年还在不断增加。现在,这些化石被划分为3类,分别是双猴类、曙猿类、西瓦兔猴类。考察组曾主张把迄今为止发现的双猴化石全部归类于邦唐猴,并与缅甸猿一起构成双猴属。但是对于这一系统分类方法,生物学界一直争论不休。

中国发掘出的小型灵长类化石

双猴类在系统的分类位置尚未确定,古生物学家又把注意力转移到曙猿这一小型灵长类上。曙猿化石最初发现于20世纪90年代初,地点在中国江苏省溧阳市上黄镇。化石就是从此地始新世中期石灰岩裂缝沉积物中被发掘出来的。经过仔细的形态研究分析后,人们证实它们属于当时栖息于此地的两大灵长类种群之一的曙猿,而非兔猴,由此便确定了一个新的属种——曙猿属。之

后,在山西省垣曲的始新世中期地层中也发现了曙猿完整的下颚骨,经过分析后得知,它们比法尤姆地区发现的灵长类出现时间更早,比始镜猴类和兔猴类的进化程度更高,属于早期灵长类。曙猿化石的发现使得类人猿亚洲起源学说再次被提起。

缅甸地区发现的2种曙猿更进一步支持了类人猿起源于亚洲的假说。最近,在印度孟买近郊的始新世早期地层中也发现了曙猿化石,更是将曙猿的出现时期提早了数年。当类人猿亚洲起源说在不断被证实的过程中,在非洲,早期类人猿化石也一个接一个地被发掘。始新世早期的地球,印度次大陆与亚洲大陆尚未完全连接在一起,次大陆的南部和非洲大陆与亚洲大陆的北部和欧洲隔特提斯海相望。也许当时特提斯海周边区域曾经生活着类人猿。今后,我们会继续关注化石的发掘情况。

■ 缅甸猿化石

图中靠上部分是上颌右臼齿;左下是残留着犬齿和小臼齿的下颌骨左前端小碎骨;右下是同一个体下颌骨的后半部分,上面残留着2颗大臼齿。

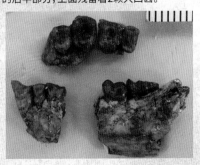

高井正成,1962年生。京都大学研究生院研究科毕业。理科博士。专业是化石灵长类学。以南美洲和亚洲的灵长类化石为基础,研究灵长类的进化史。

群居状态的形成

开始了与他者的"交往"。

动物群集，开始群居生活

拥有色觉能力后，能够通过颜色区分各种对象的类人猿，选择了一种易于生存的方式：群居。

群居生活的优势

始新世时期视觉能力有所进化提升的灵长类，找到了一种延续至今的生活方式，那就是与同伴一起形成一个群体共同生活。

群居生活对觅食和防御敌人特别有利。通过共同协作，不仅能够轻松地发现食物，还能带领其他伙伴去自己熟悉的场所寻找食物。此外，进食时的警戒能力也得到提升。当遭遇敌人袭击时，孤身能力有限，如果与伙伴共同防御，成功抵抗敌人的可能性就大了。同时，力量较弱的雌性和孩子也能够从雄性那里得到庇护。

为了进一步提高生存效率，集群的成员数量和阵容会达到一个最优化数值。就这样，相互之间的关系形成，一个"小社会"诞生。

那么为什么生物学家认为这种群居关系在始新世时期就已经形成了呢？接下来，让我们根据线索一起去探索吧。

互相理毛的倭黑猩猩群

倭黑猩猩同黑猩猩一起被认为是最接近人类的物种，生活在非洲热带林，通常会50～100只猩猩成群，共同生活。相互理毛是同伴之间信赖友好的行为。

现在
我们知道！

拥有共同目的的灵长类『群』

生物"集群"是指同一种生物聚集而成的大集体。生物大家庭中有着多种多样的集群[注1]，比如鱼群、鸟群和水牛群。以日本猴为代表的现代灵长类集群不单单是指动物个体聚集起来，而是彼此之间相互关联，具有高度的社会性。那么，动物集群形成的时间是何时？原因是什么？虽然集群的起源尚不明确，但是生物学家根据发掘出的珍贵化石，已经确定在始新世早期就已经出现这种群居的生活状态。

从雌雄猴犬齿的差异分析它们的群居生活

人们在埃及法尤姆发掘出了小猫咪猿的化石，经过研究后发现，雄性小猫咪猿和雌性小猫咪猿长着不同的犬齿。这种差异成为生物学家探索猿猴群居生活形成过程的重要突破口。

所有生物都存在性别上的差异[注2]，主要表现为身体特征的不同。灵长类也是如此，雌雄之间最大的差异是雄性的犬齿大于雌性。特别是对于雄性来说，犬齿能起到威吓[注3]敌人的作用，所以越大越有利。雄性之间的争夺主要是围绕发情的雌性、食物以及可活动区域而展开的。但有意思的是，当雌雄猴成为夫妻，雄性之间不再展开对雌性的争夺时，这种性别上的差异便逐渐消失不见。总而言之，这些在同一区域发现的具有性别差异的犬齿化石证实了猿猴已构建起具有社会性质（如雄性围绕雌性展开竞争）的群体组织。

社会行为来源于"吃"

群集最大的目的之一是为了繁衍子孙后代。雌雄共同生活能够确保拥有交配繁殖的对象。从这点上看，与独立生活比较而言，群居生活具有绝对的优势。那么社会行为到底是怎样形成的呢？

社会生态学认为在有果实和嫩叶等食物的地方，同种灵长类动物会自然集结，形成一个集群。对于目标领地和食物等相同的动物，为了更高效地获取食物，猴群成员数量往往会达到一个最优化的值。而且，在子孙增加的过程中，猴群中成员的雌雄比例以及年龄段分布等集群特征便渐渐被固定下来。在这

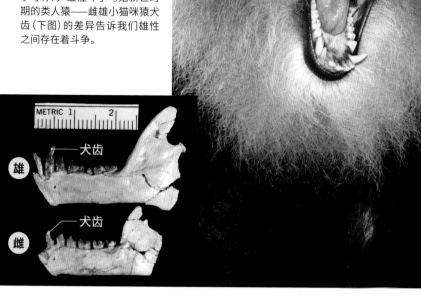

露出犬齿威吓对手的雄性狮尾猴

露出上颌2颗尖尖的犬齿威吓对手的南印度雄性狮尾猴，属于狭鼻猿类。集群里的雄性会为了争夺与雌性的交配权而开战，这种争夺称为"雄性斗争"。始新世时期的类人猿——雌性小猫咪猿犬齿（下图）的差异告诉我们雄性之间存在着斗争。

METRIC 1 2
犬齿
雄
犬齿
雌

集群领地示意图

左图为生活在非洲的某种狒狒的集群领地示意图。领地之间相互隔离且森林密布，以水域为中心领地向四周扩展。越是集群领地重合区域气氛越是紧张，彼此之间争斗不断。

领地中心
领地整体
领地重合区域

猴子社会行为的形成进程

下面的流程图显示了在食物环境和被捕食的危险性等生态因素的影响下，灵长类形成集群，社会结构、社会行为模式被固定下来的一系列过程。除此之外，还有其他因素促使集群的形成，比如为防止受到发情期雄性的攻击，雌性会组成一个互帮互助的集群以保护自己和孩子。

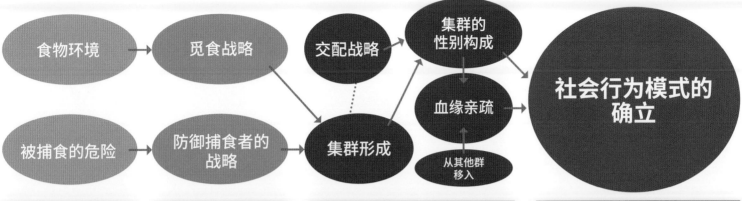

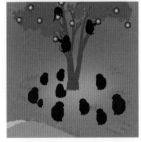

食物并非无处不在。一棵长着丰硕果实的树前往往会挤满同类。同时，为躲避捕食者，个体在向安全区域转移时会与其他个体相遇、聚集。

同类聚集能够高效获取食物。而且，雌性开始采取互帮互助的战术保护自身和孩子不受捕食者的侵害。多双眼睛警戒会更容易发现捕食者的靠近。

为保障个体能够安全觅食，群成员的数量往往达到最优化。因交配战略，当雌性发情时，雄性聚集并展开争夺，群成员的性别结构逐渐被确定下来。将成员从本群转移出去到其他群、从其他群转移成员进本群的现象时有发生。这种转移现象和子孙的雌雄数量促使群内部血缘关系的形成。

相互理毛的友好举动、父猴母猴同子猴嬉闹玩耍等内部社会关系形成。当雄性之间打架时，有加入战斗相助的，也有站在一旁紧张观战的，这种对待其他群成员的社会行为逐渐产生。

种情况下就会出现从其他猴群转移猴子进本群，或者将猴子转移出去到其他猴群的现象。这种血缘关系之外的成员转移导致猴群内部形成各种复杂的关系，而每种关系中又会形成特有的社会行为。

在各种因素的交互影响下，经过不断地演变进化，最终形成了一个社会。总而言之，就是灵长类整个群体为了更好地生存下去构建了一个组织机构。

集群正是一群拥有共同目的的动物的生存智慧。

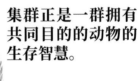

科学笔记

【多种多样的集群】 第22页 注1

具备社会性质的猴群大多数是基于固定群成员之间的相互认知来维持的。像洄游鱼、候鸟的大集群仅仅是同种类个体的简单聚集，群成员可以自由更换，这种集群被称为"无名群"。

【性别上的差异】 第22页 注2

生物学上所讲的雌雄性别差异。性别差异导致个体在身体大小、色彩以及有无运动器官等方面迥然不同，又被称为"性二型"。

【威吓】 第22页 注3

并不是真正的攻击，而是摆出攻击的姿态以达到威胁对方的目的。哺乳动物中，有些会露出虎牙利爪，有些大声吼叫，有些毛发竖起使身体看起来大一些，以此来吓跑对手。

提高野外调查精准度的全球定位系统（GPS）

科技发现

以灵长类为代表的动物生态研究中，对野生动物的行为进行记录和观察必不可少。但是有些动物的行迹无法追踪，它们在什么地方做什么等不确定的情况经常发生。近年来，GPS定位技术在动物行为观察中的应用，使得野外调查的精准度不断提高。这项技术也被广泛应用于猴群的行为研究中。

调查人员携带GPS追踪目标动物。此外，GPS还有其他多种多样的用处

猴王是神话？

一般情况下提到猴群，大家往往会想到猴王。实际上，在野生动物群中没有绝对的领导者。虽说存在按一级、二级顺序排位的关系，但等级并不森严。在日积月累的相处中，成员之间形成默契，对个性和能力表现突出的服从推崇。这点和人类社会关系很相似。

在动物园等饲养环境中，食物集中的地方竞争激烈，这时等级关系表现明显，容易区分出哪个是猴王

随手词典

【母系、父系】
雌性一直生活在自己出生的集群里的模式被称为母系群。相反，雄性一直生活在自己出生的集群的模式，则被称为父系群。母系群里，未成年雄性长大后，自己决定是否迁移到其他集群中去。而在父系群里，雌性在发情期要迁移到其他集群中去。

【双系】
雌性、雄性长大后，离开自己出生的集群迁移到其他集群中去。

【个体分布模式】
群成员的分布具有不同的特征。有的群是全体成员分布在半径200～300米的活动圈内，有的群是群成员在领地内四处分散。

社会关系的行为表现

相互理毛的频率
2个个体之间轮流给对方理毛的频率。

攻击的频次
围绕食物和雌性展开竞争时发起攻击的频次。

接近的频率
个体之间互相接近的频率。

单雄多雌型
一只成年雄性、多只成年雌性及孩子组成的集群。大猩猩是此类的代表。

多雄单雌型
一只成年雌性、多只成年雄性及孩子组成的集群。在灵长类中很少见，生活在中南美的皇柽柳猴属于此类。

独处型
母子共同生活的情况除外，成年雌性、雄性除繁殖期外选择独自生活。红毛猩猩、夜行性原猴属于此类。大多数情况为雄性在雌性的活动区域内徘徊。

社会关系

群内部因性别差异产生的个体之间的社会关系、集群之间的社会关系，都会影响集群的性质。从攻击性、亲昵友好等一些行为表现中能够读取两者之间的社会关系。

雄性间关系
相互合作、共同守卫集群的领地以及具备繁殖能力的雌性。同时，又围绕着食物和雌性而展开激烈的竞争。在父系集群中可以看见雄性之间结成强大的联盟。

雌性间关系
母系集群中家族内部容易和睦相处，家族之间容易产生等级关系。没有血缘关系的雌性之间也常常会和睦相处。

雌雄间关系
集群内雌雄之间的关系因为集群模式的不同而有所不同，既有依赖与被依赖的关系，也有专制与服从的关系。

集群间关系
相邻两个集群的食物竞争激烈的话，一碰面便剑拔弩张，领地重合面积会缩小。竞争较弱的话，双方相遇也会产生紧张感，此时领地重合面积也会很大。

※同种灵长类在捕食风险大小等环境因素的影响下社会关系也会有所不同。

多雄多雌型

由多只成年雄猴、多只成年雌猴和子猴构成的大集群。日本猴、黑猩猩、俾格米黑猩猩、新大陆猴中的蜘蛛猴属于此类。

社会结构

猴群的社会结构可分为5大类。由父系、母系、"双系"衍生出的集群继承性，群内部个体分布模式等特征重叠交互后，每个猴群的固有社会结构便由此形成。

原理揭秘

猴群的结构模式

单雄单雌型

一只成年雄性、一只成年雌性以及它们的孩子组成的小集群。白掌长臂猿中常见此类型。

配偶体制

繁殖模式大致分为4种。表面上看与"社会结构"类似，但内容有所不同。比如一只雄猴独占多只雌猴并与其交配，即便这只猴属于多雄多雌型集群，在配偶体制中却被称为"一夫多妻"。

一夫一妻

一对雌雄猴反复交配。单雄单雌型的猴子大多是一夫一妻，但是也存在雄性与自己"妻"之外的雌性交配的现象。

一夫多妻

一只雄性与多只发情期的雌性交配。常见于单雄多雌型的大猩猩集群中。长尾猴中的赤猴也属于此类。

一妻多夫

一只发情期的雌性与多只雄性交配。新大陆猴中的狨猴，猴群内只有一只具备繁殖能力的雌性，与多只雄性交配。

乱婚

一只发情期的雌性与多只雄性交配，同时一只雄性与多只雌性交配。多见于多雄多雌型集群中，日本猴、黑猩猩、蜘蛛猴属于此类。

灵长类在进化过程中逐渐结成具有社会性质的集群。随着时代的大推移，猴子的种类达到了200种以上。那现在的猴群是怎样的呢？下面让我们来认识一下现在猴群的结构。

"社会结构""配偶体制"与"社会关系"是构成猴群的三个要素，它们错杂交织、相互组合，便形成了极为复杂的集群。

地球博物志

濒临灭绝的现生灵长类

| Primates in Peril |

亟须保护的人类"同胞"

由于栖息地面积的减少、人类的频繁猎杀,有接近半数的现生灵长类濒临灭绝。我们从世界自然保护联盟(IUCN)发布的濒临灭绝的灵长类清单中按地区挑选出了6种。

25 种濒临灭绝的灵长类分布图

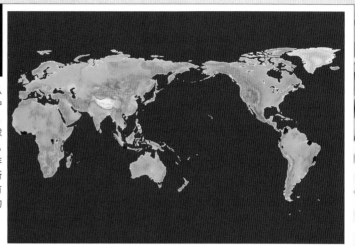

世界自然保护联盟(ICUN)从1963年开始编制《世界自然保护联盟濒危物种红色名录》。此外,大约每隔2年就会公布一次全球最濒危的25种灵长类物种名录。2012—2014年公布的名录中,非洲大陆有濒危动物5种,马达加斯加有6种,亚洲有9种,中南美洲有5种,人类有必要对此采取紧急的保护措施。

【白头叶猴】

| Trachypithecus poliocephalus |

亚洲

生活在越南东北部、北部湾的吉婆岛上,全球仅存约70只,属于亚洲灵长类中最濒危的物种。昼行性动物,常常4～5只成群共同生活。白头猴群居住在洞穴中,一个猴群最多可有12个洞窟。它们经常更换住所,每个洞窟只住一两晚便离开。

分类	疣猴亚科	栖息地	越南
头体长	50～60 厘米	数量	约 70 只
《红色名录》中级别	CR (极危)		

【东非低地大猩猩】

| Gorilla beringei graueri |

非洲大陆

东非大猩猩的亚种。通常10只左右成群生活。昼行性动物,晚上收集树枝搭个简易床便可休息。雄性从11岁左右开始背部和腰部的毛色变成银灰色,因此也被称为"银背"。投物、捶胸以示威吓等一些行为是其成年的表现,基本上不具有攻击性。

分类	人科	栖息地	刚果民主共和国
头体长	150～180 厘米	数量	5000 只以内
《红色名录》中级别	EN (濒危)		

【棕蜘蛛猴】
| *Ateles hybridus* |

分布在南美洲北部，昼行性动物，20～30只成群活动。四肢很长，长着细长尾巴，非常适合抓物，被称为"第5肢"。由于栖息地的减少以及人类的频繁猎杀，过去45年里个体数量减少了80%。2012年，在哥伦比亚国立公园内发现了2个亚种新棕蜘蛛猴群。

中南美洲

数据

分类	蜘蛛猴科
栖息地	哥伦比亚、委内瑞拉
头体长	约50厘米
数量	不明
《红色名录》中级别	CR（极危）

【爪哇懒猴】
| *Nycticebus javanicus* |

懒猴的一种，主要分布在印度尼西亚和越南，是爪哇岛的固有物种。尾巴退化，背中央有一深栗红色纵纹。夜行性，生活在森林和竹林的树上。因其作为宠物广受欢迎，野生数量急剧减少。

亚洲

数据

分类	大狐猴科
栖息地	马达加斯加
头体长	48～54厘米
数量	300～2000只
《红色名录》中级别	CR（极危）

丝绒冕狐猴
| *Propithecus candidus* |

狐猴的一种，叫声刺耳，全身被体毛覆盖，直立跳跃前进，这点与其他狐猴不同。由于森林的破坏和人类的捕食，数量急剧减少。

马达加斯加

数据

分类	大狐猴科
栖息地	马达加斯加
头体长	48～54厘米
数量	300～2000只
《红色名录》中级别	CR（极危）

【北鼬狐猴】
| *Lepilemur septentrionalis* |

仅生活在马达加斯加北部地区，白天的大部分时间都在树洞中或蔓草铺成的床上睡觉。因人类砍伐树木烧制木炭，它们的住所被破坏。虽然被列为保护对象，但由于栖息地不在保护区范围内，加之不断被人类猎杀食用，数量急剧减少。

马达加斯加

数据

分类	狐猴科
栖息地	马达加斯加
头体长	28厘米
数量	约50只
《红色名录》中级别	CR（极危）

近距直击

《濒危物种红色名录》——濒危动物保护指南

世界自然保护联盟发布的《濒危物种红色名录》是引导人们决定濒危动物保护优先顺序的重要指南。通过分析生物绝种风险的高低，形成一个级别分类（如下图所示）。

灭绝	灭绝 (Extinct)	EX	已经绝种
	野外灭绝 (Extinct in the Wild)	EW	野生种已灭种
受威胁	极危 (Critically Endangered)	CR	野生种群面临即将绝灭的概率非常高
	濒危 (Endangered)	EN	未达到极危标准，但其野生种群在不久的将来面临灭的概率很高
	易危 (Vulnerable)	VU	未达到极危或濒危标准，但在未来一段时间后，其野生种群面临绝灭的概率较高
	近危 (Near Threatened)	NT	在未来一段时间后，接近符合或可能符合受威胁等级
	无危 (Least Concern)	LC	不符合上述的任何一种
	数据缺乏 (Data Deficient)	DD	没有足够的资料来判断属于上述哪一种

文明与地球 · 对猴的信仰
被神话的猴子

猴在古代埃及、中国、日本等国家被作为信仰的对象。特别是在印度，印度教圣典《罗摩衍那》中的英雄哈奴曼便是一个神猴形象，现在仍受到民间教众的信仰尊崇。更有学者认为《西游记》中美猴王孙悟空的原型就是哈奴曼。

印度有很多拜祭哈奴曼的寺庙和巨大的哈奴曼塑像

广阔的红褐色大地，动植物的理想乐园

卡卡杜国家公园

位于澳大利亚北部地区，1981年被列入《世界遗产名录》，1987年和1992年扩展范围。

位于澳大利亚北部地区的卡卡杜国家公园是澳大利亚最大的国家公园，面积相当于日本四国。在这片内陆地区，红树林、热带林、热带稀树草原、漫滩等自然景观竞相变换。这里孕育着庞大的动植物群，有60多种哺乳动物、1万多种昆虫、2000多种植物，是世界上屈指可数的野生动植物宝库。

生活在卡卡杜公园的动物

咸水鳄

世界上最大最凶猛的鳄鱼，多数体长可达7米，体重可达1吨。强硬的颌能把猎物撕扯到水中。

伞蜥

身长60～90厘米的蜥蜴。它们最大的特征是在受到威胁时会瞬间竖起巨大的伞状斗篷。除此之外，伞状斗篷还有求爱和调节体温的作用。

澳洲鹈鹕

澳大利亚唯一的鹈鹕种，双翼的主羽呈黑色。体长约170厘米。喉囊发达，适于捕鱼。

黑大袋鼠

体形大小在大袋鼠和沙袋鼠之间的有袋类，生活在多岩石的丘陵山区。它们很害羞，很少出现在人类面前。

卡卡杜国家公园广阔无垠、生机勃勃的自然景观

卡卡杜公园最大的特点是雨季和旱季的景色截然不同。进入雨季，流经公园的 4 条河流水源充沛，流域内形成广阔的湿地。而当进入旱季，河流干涸，为了寻求有限的水源，野生动物频繁地四处奔走。公园里有许多洞穴，保留有岩石壁画等诸多澳洲原住民生活遗址，因此被列入《世界文化自然双重遗产名录》。

地球之谜

寿命

生命为什么会终结？

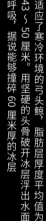

所谓寿命是指生物从来到这个世界到离开这个世界的时间。

每个生物能活多久？其原因是什么？

决定寿命长短的细胞又是怎样运作的呢？

2006 年，澳大利亚昆士兰州的动物园里，有只叫哈丽雅特的象龟寿终正寝。它体重 150 千克，活了 175 岁。

哈丽雅特与英国生物学家、进化论的奠基人达尔文颇有渊源。1835 年，达尔文在南美洲的加拉帕戈斯群岛捡到 3 只小乌龟，哈丽雅特便是其中之一。它被带回英国时只有 5 岁，个头也只有餐盘般大小。

后来经过 DNA 检测，生物学家断定它是加拉帕戈斯群岛中达尔文未曾到访的一个岛上的固有亚种，所以它极有可能不是达尔文养的宠物。但无论如何，它活了 175 岁是不争的事实。

象龟本就是长寿的生物，但能活到 175 岁高龄还是很罕见的，那到底是什么原因使得它活了这么长时间呢？哈丽雅特的饲养员曾这样说："我每天早上都会给它清洗身体，喂它吃加了豆角和西兰花的蔬菜色拉，它每天都过得无忧无虑。"

世界第一长寿的生物

世界上还有其他长寿的生物。

2007 年，美国阿拉斯加的原住民捕获了一头弓头鲸。当时弓头鲸适应了寒冷气候，生活在北极及其周边食物丰富的海域。人们在这头弓头鲸的颈部鲸脂中发现了一块捕鲸枪的残片。经鉴定，这支捕鲸枪是 1880 年前后由马萨诸塞州新贝德福德的一所工厂生产的，由此可以断定这头鲸被捕获时已经活了 130 岁。这头身长 20

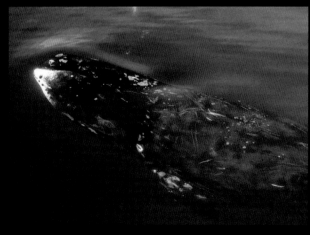

适应了寒冷环境的弓头鲸，脂肪层厚度平均值为 43 ～ 50 厘米。用坚硬的头骨破开冰层浮出水面呼吸。据说能够撞碎 60 厘米厚的冰层

米的弓头鲸同象龟一样，因新陈代谢慢可以活 150 ～ 200 年。

在日本，也存在着长寿生物——鲤鱼。岐阜县人工饲养的一条名叫花子的鲤鱼，死于 1997 年，活了 226 岁。人们根据花子的鳞上有年轮测算出了它的年纪，但其真实性有待考证。

除此之外，世界上还有更长寿的生物，它们就是 2 只被命名为"明"的深海蛤蜊。2006 年，英国科学家前往冰岛进行地球气候变化研究期间，在大西洋北部的冰岛海底捕捞了 200 多个空贝壳和存活的北极蛤。

北极蛤如同鱼一样，年龄体现在其年轮上。可惜的是，这些北极蛤在冷冻运输途中死在了船上。后来，科学家们在实验室里对它们进行研究时意外发现，这些北极蛤中竟有一只活了 507 岁，是现有记录

"长生不死"的灯塔水母。身体呈钟形,伞状体直径约4～8毫米,身体透明,能够看见红色的消化系统。年轻个体触手只有8个,成熟阶段的水母触手可达80～90个。触手的内侧有眼点(简单的感光器官)

象龟哈丽雅特。最初被误当成雄性,叫了100多年的"哈里"。2005年11月15日,位于澳大利亚昆士兰州阳光海岸的一家动物园为哈丽雅特庆祝了175岁的生日,次年6月23日它死于心脏病发作

中最长寿的生物。

下面要介绍的是19世纪80年代生活在地中海的灯塔水母,这种生物长生不死。一般情况下,水母在有性繁殖后会死去,但灯塔水母是个例外,它们的身体拥有"逆生长"的能力。从性成熟阶段恢复到幼虫水螅体阶段,附着在水底岩石的表面。之后再次成长,在水中慢慢漂浮,如此循环往复。灯塔水母广泛分布在热带到温带地区的海域里,最年长的据说已经有5亿岁了。

老化的生理机能
是什么决定着生命的长短?

到底是什么在决定着生命的长短?对于这个问题有很多不同的说法。但

直到1961年科学家们发现细胞分裂是有极限的之后,对身体运行机制逐渐老化现象才有了专业科学的解释。

细胞分裂是指母细胞增殖,由一个细胞分裂为两个细胞,并把遗传物质传给子细胞的过程。分裂后形成的子细胞中染色体末端因产生损耗而变短,这种现象被称为"老化"。染色体的末端存在一种特殊的DNA蛋白结构,即所谓的"端粒"。打个比方,就像鞋带的末端包裹着起保护作用的金属或塑料外壳,同样,染色体的末端也存在着"外壳"。这些"外壳"就是端粒,它们保护染色体结构基因DNA,调节正常细胞生长。但是由于端粒上并未附着端粒酶(分散于整个细胞核,具备修复延长端粒的功能,填补端粒在细胞分裂时产生的损耗),所以细胞每分裂

一次,端粒就会产生损耗,长度变短直至细胞凋亡。

而象龟和弓头鲸之所以长寿,极有可能是因为它们都是新陈代谢缓慢的生物。新陈代谢缓慢,身体细胞内端粒的损耗也会相应地变缓,细胞寿命得以延长。

现在,针对具有修复端粒损耗功能的端粒酶的科学研究在不断进行中。另外,还有学者认为体内荷尔蒙分泌失调以及身体过度氧化也会导致生理机能的退化衰老。如果这些奥秘都能被解开的话,那么人类的寿命将会极大地延长吧。

Q 未来猴子将进化成人？

A 黑猩猩虽被认为是最接近于人类的动物，然而黑猩猩和人类在约 700 万年前就已经分家，走上了完全不同的演化道路。人类和黑猩猩是由生活在约 1000 万年前的同一祖先进化而来的，并不是现生黑猩猩进化成了人类。这就说明二者之间不是祖孙关系而是像兄弟一样的关系。今后，二者作为两种不同的生物将继续进化，所以尽管黑猩猩和大猩猩能够两足行走，但是开口说话的可能性无限接近于零。

原本黑猩猩就没打算进化成人类

Q 史上体形最大的灵长类是什么？

A 从更新世早期到中期，地球上生活着我们难以想象的巨大灵长类。它就是被称为"巨猿"的人科动物。根据在中国和东南亚发掘出的化石推断，巨猿身高超过 2 米，体重接近 300 千克。其灭绝与否、灭绝的时期，还有体形、相貌都是我们人类推测出来的，但一部分学者和探险爱好者坚定地认为地球上仍生存着它们的后代——雪男。

生物学家认为古猿很有可能和我们人类的祖先直立人生活在一起。左图为古猿的想象图

Q 猴子喜欢温泉？

A 我们经常会在杂志和影像中看到舒舒服服泡温泉的猴子。当我们认为它们真不愧是人类的近亲，竟然也喜欢泡温泉时，其实世界上的野生猴中只有生活在日本长野县地狱谷野猿公园附近的猴子喜欢泡温泉。20 世纪 60 年代，为了近距离观察生活在深山中的猴子，当地设立了地狱谷野猿公园。在工作人员给猴子喂食时，有一只小猴子无意中闯入了公园附近旅馆的露天温泉，发现了温泉的妙处，最终形成了现在猴子泡温泉的奇景。之后，专门开设了猴子的专用温泉。现如今，这些喜欢泡温泉的日本雪猴闻名于世界。

零下 10 摄氏度以下的寒冷天气，猴子开始泡温泉取暖。只是浸泡，并没有清洗身体污垢的行为

Q 现生灵长类中体形最大的是哪种？ 最小的是哪种？

A 毫无疑问，大猩猩是现生灵长类中体形最大的。最大的雄性大猩猩身高接近 180 厘米，体重可达 200 千克以上。最小的灵长类是 2000 年在马达加斯加岛发现的贝氏倭狐猴，体重仅 30 克。从 1999 年到 2010 年间，马达加斯加岛上共发现了 615 种新物种，作为狐猴宝库尤为闻名遐迩。将来，还有可能发现更多的新物种。

贝氏倭狐猴一经发现便被列入世界自然保护联盟公布的《濒危灵长类物种报告：世界上最濒危的 25 种灵长类物种》名录

现存动物的祖先们

2303 万年前—533 万年前

[新生代]

新生代是指从 6600 万年前开始持续至今的时代。在这一时期，哺乳动物、鸟类以及被子植物等取代中生代的恐龙，迎来了全盛时期。不久，在它们之中，一个新的角色隆重登场，那就是我们——人类。

第 35 页　图片 / 乔尔·萨托 / 国家地理创意 / 阿玛纳图片社
第 37 页　图片 / PPS
第 39 页　插画 / 月本佳代美　描摹 / 斋藤志乃
第 41 页　图片 / PPS
第 42 页　图片 / 照片图书馆
　　　　　图片 / PPS
第 43 页　插画 / 真壁晓夫
　　　　　图片 / 日本佐贺县教育局文化处
　　　　　图表 / 斋藤志乃（根据杰克·沃尔夫 1979 年报告制作）
第 45 页　插画 / 伊藤丙雄（新版《灭绝的哺乳动物图鉴》，丸善出版）
第 46 页　插画 / 菊谷诗子
　　　　　插画 / 未特别标示的皆出自伊藤丙雄（新版《灭绝的哺乳动物图鉴》，丸善出版）
　　　　　图表 / 科罗拉多高原地球系统公司
　　　　　图片 / 照片图书馆
第 47 页　图片 / PPS
　　　　　图片 / 日本国立科学博物馆
　　　　　图表 / 三好南里
第 48 页　插画 / 伊藤丙雄（新版《灭绝的哺乳动物图鉴》，丸善出版）冈本泰子（牙齿和四肢）
　　　　　图片 / PPS
　　　　　图片 / 日本国立科学博物馆
第 49 页　图表 / 冈本泰子
第 51 页　图片 / 罗曼·乌奇特尔
第 52 页　图表 / 三好南里
　　　　　图片 / 照片图书馆
　　　　　本页其他图片均由 PPS 提供
第 53 页　图片 / 日本群马县立自然史博物馆
　　　　　图片 / 阿玛纳图片社
　　　　　图片 / PPS
第 54 页　插画 / 伊藤丙雄（新版《火绝的哺乳动物图鉴》，丸善出版）
　　　　　图片 / 日本国立科学博物馆
　　　　　图片 / 甲能直树
第 55 页　图片 / 日本国立科学博物馆、日本国立科学博物馆
　　　　　图片 & 图表 / 樽创
　　　　　图片 / 日本瑞浪市化石博物馆
第 56 页　插画 & 图表 / 上村一树
　　　　　图片 / PPS
第 58 页　图片 / 冨田幸光
　　　　　插画 / 伊藤丙雄（新版《灭绝的哺乳动物图鉴》，丸善出版）
　　　　　图片 / Ghedoghedo
　　　　　图片 / PPS
第 59 页　插画 / 伊藤丙雄（新版《灭绝的哺乳动物图鉴》，丸善出版）
　　　　　图片 / 冨田幸光
　　　　　图片 / Ghedoghedo
　　　　　本页其他图片均由 PPS 提供
第 60 页　图片 / 123RF
　　　　　本页其他图片均由 PPS 提供
第 61 页　图片 / 约翰·沃伯顿 - 李摄影 / 阿拉米图库
第 62 页　图片 / PPS
　　　　　图片 / Aflo
第 63 页　图片 / PPS、PPS
第 64 页　图片 / 照片图书馆
　　　　　图片 / PPS
　　　　　图片 / 日本国立科学博物馆

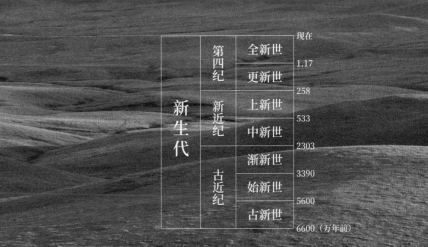

新生代	第四纪	全新世	现在
			1.17
		更新世	
			258
	新近纪	上新世	
			533
		中新世	
			2303
	古近纪	渐新世	
			3390
		始新世	
			5600
		古新世	
			6600（万年前）

—顾问寄语—

日本国立科学博物馆地学研究部部长　冨田幸光

进入中新世，地球从高纬度地区开始逐渐变冷，降雨量减少，干燥气候从内陆地区向周围扩展。受此影响，森林的面积减少，草原的面积扩大，最终促进了陆地上哺乳动物的进化演变。草食性哺乳动物发育出了适于食草的牙齿结构，发展得十分繁荣。另一方面，海洋的生存环境有了大幅度改善，海洋哺乳动物呈多样化发展，出现了许多延续至今的"科"类动物群。中新世是哺乳动物向现代化转变的一个重要时期，接下来就让我们一起来探索这个新旧交替的时期吧！

故 事 始 于 干 燥 的 大 地

2303万年前，中新世时期拉开了序幕。在这一时期，
地球表面既寒冷又干燥。干燥的气候孕育出了草原。在
美国内布拉斯加州的玛瑙化石床中发掘出各种哺乳动物
化石群，证实这里曾经是一片辽阔的大草原。现生马、
犀牛、猪、骆驼等大部分草食性动物的祖先皆生于草原
长于草原，并逐渐发展演化成我们所熟悉的模样。中新
世的动物已经相当程度地现代化了，在整个进化史进程
中，中新世可以看作现今世界的开端。

美国内布拉斯加州玛瑙化石床的卡内基山

玛瑙化石床位于北美大陆内布拉斯加州的西北部。辽阔的保护区草原上有两座小山丘，在山丘附近曾发掘出大量中新世哺乳动物的化石，有类似于现生猪的大型偶蹄类恐颌猪以及犀牛类月角犀、穴居啮齿类古河狸等。

草原上的"攻"与"防"

到中新世，地球上开始出现草原。北美大陆的草原上生活着一群现生马的祖先——草原古马。它们发育出能以野草为食的牙齿、可以疾驰的强壮四肢，恣意享受着草原上的生活。然而，此时还出现了动作更加敏捷的肉食性动物——假猫，它们是现生美洲狮的近亲，猫科哺乳动物。在草原这个新的环境，为了生存，动物之间上演着一幕幕激烈的竞争。

假猫

草原古马

草原的扩张

继森林之后草原不断发展扩大。

森林面积减少，禾本科植物的草原扩张

生长着

新近纪的中新世是地球寒冷化、干燥化加剧的时期。气候的变化导致地表森林覆盖面积减少，草原面积不断扩大。

热带森林向草原转变

古近纪始新世时期，气候温暖，整个地表被常绿阔叶树[注1]林所覆盖。始新世结束，大约3390万年前，地球气温骤降，植物的面貌也随之发生变化。高纬度地区的亚热带森林中，树种由常绿阔叶树向落叶阔叶树转变，这种变化一直持续到渐新世中期。落叶阔叶树在冬季无法进行光合作用，为了节约能量，树木的叶子会落光。

内陆地区受气候变冷的影响，降雨量减少，气候变得干燥，森林失去了原有的模样。这种状况一直持续到新近纪中新世（2303万年前—533万年前）时期，森林面积急剧地减少。

而填补这个空缺的正是由草本[注2]植物构成的草原。现在，草本植物中最繁盛的是白垩纪早期登场的种子植物的一种，那就是被子植物。在中新世时期不断扩张的草原上，植物主角便是它。而在这些被子植物中生长得最为繁盛的则是禾本科植物。为什么在这个时期禾本科植物会在草原植物中占据主要位置呢？接下来让我们一探究竟吧。

新大陆北部草原

新大陆北部草原又称北新大陆草原，主要是指从美国中西部一带一直延伸到加拿大的广阔大草原及其分布区域。典型的新大陆北部草原是由高达 2 米的禾本科草本植物构成的。据推测，这种类型的草原是在中新世时期扩张形成的。

质地坚硬的叶子与生长方式
彰显了禾本科植物顽强的生命力

禾本科植物的分类

禾本科植物是维管束(连通植物的根、茎、叶,输送营养和水分的管状纤维组织)植物,属于种子植物中的单子叶类被子植物(胚珠被包藏于闭合的子房内)下的禾本目禾本科。禾本科主要分为玉米、稻子、小麦等。

禾本科

玉米	高粱	甘蔗	稻	小麦	大麦
Zea mays	*Sorghum bicolor*	*Saccharum officinarum*	*Oryza sativa*	*Triticum*	*Hordeum vulgare*

2303万年前,地球进入中新世,陆地上的草原大面积地扩张。据推测,现代的一些大草原都是起源于这个时代,如非洲的热带稀树草原、美国中西部的新大陆北部草原、南美洲的潘帕斯草原等。然而这始终只是"推测",因为能够证明当时草原扩张的植物证据几乎没有。

从过去的花粉中探寻草原的踪迹

植物学家通过研究化石去探寻历史植物的秘密。但是在气候干燥地区枯萎的植物体容易损坏,在河川水溪处植物又难以堆积起来,所以残留下来的植物化石很少见。唯一直接的证据是禾本科植物中一种叫作植物硅酸体的颗粒状物质,

其质地坚硬,容易残留在地层中。同时地层中还残留着大量历史植物的花粉,通过识别这些花粉,也能够分析出当时植物的实际情况。不过,花粉是在其飘落处被埋藏起来的,所以很难成为研究植物的直接证物。

植物学家通过分析植物硅酸体和花粉,渐渐地推断出中新世时期草原的扩张情况。比如在中国沿岸地带就曾发掘出大量从渐新世到中新世时期的禾本科植物的花粉化石,据此推断中国内陆地区曾是长满禾本科植物的大草原。

仿佛是为草食性动物而生的禾本科植物

为什么禾本科植物会成为草原上的主要植物呢?这里需要特别指出,是禾本科植物的固有特征使得其非常合适作为马、象等草食性动物的食物。

所有的被子植物可分为双子叶植物和单子叶植物两类,禾本科植物属于后者。双子叶植物的生长点在茎和枝前端,单子叶植物的生长点却在根部,当枝叶被动物吃掉后,单子叶植物还可以再次生长发育。而禾本科植物的再生速度非常快,能够在一年之内经历数次"被吃掉——再生长"的过程。此外,禾本科植物所具有的营养繁殖[注3]机能(地下根脱离母体向四周延伸发育出新根茎的繁殖方式)也对它的再生速度有所影响。

然而,禾本科植物在演化过程中也发生了一些变化。首先,它的叶子质地变得坚硬,动物越来越难以食用。禾本科植物吸收土壤里的二氧化硅,在叶子里形成颗粒状硅酸体,导致动物的牙齿被损坏,吃起来特别费劲。也正因植物具备了这种特质才在一定程度上"抵制"了动物的食用。

其次,禾本科植物的授粉方式也发生了改变。大多数的被子植物通过昆虫传播花粉。而禾本科植物因为花蜜分泌组织的退化,选择了同裸子植物一样的通过风力传播花粉的方式。而且在广阔的大草原上,

近距直击

恐龙食用禾本科植物!

2005年,人们在印度中部白垩纪晚期的地层中发掘出了蜥脚类恐龙的粪便化石,在上面发现了禾本科植物的痕迹。此前我们知道有些恐龙吃树叶,这个发现告诉我们它们也吃草。根据调查分析,确认了5种禾本科植物的存在,这表明禾本科植物在白垩纪晚期已经开始多样化。

对恐龙粪便化石的调查分析表明,禾本科植物并不是它们的主食。

◻ 禾本科植物的主要特征

禾本科植物的生长速度很快，而且从它们的授粉和繁殖方式可以看出其环境适应能力极强，所以才能够在持续干燥的大地上不断扩展分布区域。

利用风力传播花粉

大多数被子植物都是通过昆虫传播花粉，但是禾本科植物是借助风力传播花粉。

生长点在根部

禾本科植物的生长点不在叶茎而在根部，即便叶茎顶端被吃掉，也不会对其造成损伤。

叶鞘

叶根部呈鞘状包住茎节的叶鞘非常发达，这也是禾本科植物的一个特征。

发育"分身"

大多数禾本科植物的地下根会向四周延伸发育出新的根茎，长出一棵新的植物。这也是它们能够覆盖一大片草原的重要原因。

生长速度

被子植物中属于光合作用速度较快的植物。一年的时间就能长出种子。

叶子坚硬

叶子中含有颗粒状被称为植物硅酸体的硅酸结晶（右图）。质地坚硬，难以咀嚼。

显微镜下的植物硅酸体

植物硅酸体是植物细胞内积累的非晶质二氧化硅颗粒。植物体死亡后会有所残留，对植物的研究具有非常重要的价值。

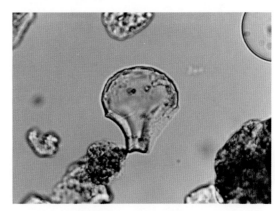

到中新世晚期，禾本科植物的分布区域进一步扩大。

科学笔记

【常绿阔叶树】 第40页注1

树叶宽阔扁平的大树被称为阔叶树，主要是木本被子植物。其中冬季不落叶的是常绿阔叶树。

【草本】 第40页注2

草本植物是指体形矮小、枝茎柔软、木质部不甚发达的植物，而木质部发达的植物被称为木本植物。

【营养繁殖】 第42页注3

指不是经由种子发芽而是通过根、茎、叶等营养器官发育出新个体的无性繁殖。

盛开的花朵很有可能等不来昆虫的光临，所以选择靠风力来传播花粉这种方式更为保险。

在季风的影响下草原继续扩张

到中新世晚期，禾本科植物的分布区域进一步扩大。在亚洲地区，影响草原扩张的一个非常重要的因素是季风气候形成，环境发生了改变。

大约5000万年前，印度次大陆向北漂移，与亚洲大陆相互挤压碰撞，陆地不断隆起，形成了喜马拉雅山脉。到1000万年前，喜马拉雅山的海拔高度与现在基本相同。它阻断了来自印度洋的暖湿气流，使山脉北部地区的气候十分干燥。受这种干燥气候影响的大地上，禾本科植物生长茂密而且旺盛。现在，禾本科植物家族庞大，约有700属，8000种，分布于世界各地。它的繁盛与地球气候变动有着密不可分的关系。

根据叶子的形状判断地球气温

阔叶树的叶子有呈锯齿状的锯齿叶和平滑的全缘叶两种。人们在对现在植被的调查研究中发现，越是温暖地区，全缘叶种类的百分比就越高。收集某个年代化石产地的树叶化石，计算出这个年代全缘叶种类的百分比，便能够知晓当时的年平均气温。比如，如果全缘叶种类所占比例为45%，那么当时的年平均气温大约是15摄氏度。

被子植物全缘叶种类百分比与年平均气温的关系

美国古植物学家杰克·沃尔夫在1979年发表对现生植物种的研究成果，提出当年平均气温越高，全缘叶的植物种类所占百分比越高，而这二者之间的关系可以用一条回归直线表示。

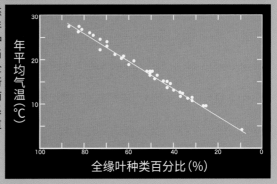

现生动物的祖先登场

无论哪种环境都有哺乳动物出没。

草原、森林、沙漠等处出现了现生动物祖先的身影

中新世时期，在干燥气候的影响下，陆地上森林面积骤减，草原和沙漠面积不断扩张。这些环境各自孕育出了特有的哺乳类物种，它们成为现生动物的祖先。

草原上有哺乳动物出没

从 3390 万年前的古近纪渐新世起，地球气温开始降低，气候变得干燥。约 1000 万年前，喜马拉雅山脉隆起，季风气候形成后，地球气候更加干燥。伴随着气候的变化，陆地上森林面积减少，草原不断地扩张。

随着森林面积的骤减，植食性动物的主食树叶变得稀缺起来，动物之间的竞争越演越烈。这就使得原本生活在森林中的哺乳动物不得不开始思考新的生存策略。

新出现的草原上，禾本科植物生长得茂密旺盛。对于长期食用树叶的哺乳类来说，禾本科植物的草叶过于坚硬，不易咀嚼。但是，仍有部分哺乳类克服了这个难题，它们开始向草原迁移。与此同时，干燥气候造成的沙漠化陆地上，也开始有哺乳动物出没。

在森林、草原、沙漠中，能够看到各种哺乳动物为适应各类特殊的环境而不断发展演变、努力生存的模样。它们的身体特征与现生动物极为相似。中新世是一个子孙延绵至今的各科[注1]哺乳动物一起登场的时代。

**中新世中期生活在
欧洲草原上的哺乳动物**

在草原这个新的舞台上，各科
哺乳动物不断地进化演变。图
中最前面是马科的祖先三趾
马，左边是长颈鹿科的祖先始
长颈鹿，右后方是象科的祖先
恐象。

现生动物的祖先登场

在各大陆完成进化的中新世哺乳动物

中新世是现生陆地哺乳动物各科的祖先汇集的时代。虽不是直系祖先，但是它们的样貌及其特征与现生后代特别接近。接下来就让我们来看看陆地上主要几个科的哺乳动物。

犬科

现生狐狸、貉、犬都属于这一科。最早的化石记录是始新世晚期，进入中新世后，黄昏犬亚科和恐犬亚科兴盛，它们与上新世时期之后的犬亚科联系紧密。

秀犬 | *Leptocyon* sp. |

中新世晚期灭绝，被认为是上新世登场的犬亚科的祖先。

象科

直到渐新世时期，都生活在非洲大陆。进入中新世后逐渐向整个欧洲大陆甚至北美大陆迁徙。

剑棱象

| *Stegotetrabelodon* sp. |

中新世晚期至上新世早期。分布在非洲。象科中最原始的同类。不仅上颌有非常发达的獠牙，下颌上也有长长的獠牙。

马科

马科诞生于始新世时期，中新世时期的草原古马适应了草原生活，长出了适于食草的牙齿和能够快速奔跑的四肢。完全获得了1根趾的是上新马。

上新马

| *Pliohippus* sp. |

中新世中期至晚期，分布在北美大陆。出现时间虽比中新世早期的草原古马稍晚些，但它是最早获得1根趾的马类。

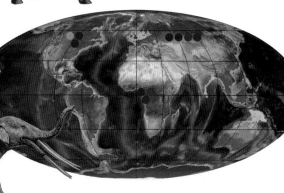

【各科的主要分布区域】
●长颈鹿科　●猪科　●马科
●犬科　●象科

长颈鹿科

中新世时期出现了很多现生长颈鹿所属的长颈鹿科动物。像现生种一样的长脖子的长颈鹿是进入上新世后才出现的。

始长颈鹿

| *Giraffokeryx* sp. |

中新世中期至上新世早期。特征是非常发达的2对角向外上方伸出。脖子也变长了。

猪科

从渐新世到中新世时期，出现了各种各样的猪亚科动物。中新世早期，分布区域扩展到亚欧非三大洲，类型也更加多样。

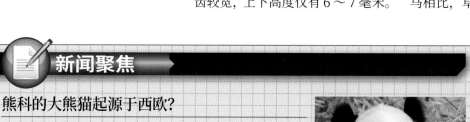

库班猪 | *Kubanochoerus* sp. |

中新世中期。体形大，四肢较长。有7个种。最大的种类据推测肩高1.2米，体重500千克。额头上长着1个大角。

现在我们知道！

为适应草原、沙漠等新的生存环境，动物发育进化

生活在草原上的哺乳动物面临的最大课题就是食物的改变：由树叶变为草叶。草原上生长旺盛的禾本科植物，叶子中含有坚硬的植物硅酸体，一旦食用，牙齿会被渐渐磨损。因此，部分动物为适应新环境发育出具有一定高度的牙齿。

即便食用坚硬的草叶，牙齿也丝毫不会磨损

下面我们就以马的祖先为例。4130万年前—2810万年前的始新世中期至渐新世早期，草原尚未大面积扩张，这个时期生活着一群马科哺乳类，名为渐新马。它们的臼齿较宽，上下高度仅有6～7毫米。

2303万年前—1162万年前的中新世早期至中期，出现了已适应草原生活的草原古马，它们的臼齿高度有3～4厘米。生物学家经过研究发现，马的牙齿越高，在咀嚼草叶时越抗磨损。而且，草原上可以隐蔽藏身的地方非常少，所以敏捷快速的四肢就变得十分重要。与渐新马相比，草原古马脚掌两侧的2根

新闻聚焦

熊科的大熊猫起源于西欧？

2012年，在位于西班牙萨拉戈萨市近郊的中新世晚期、1100万年前的地层中发现了被认为是大熊猫近亲的史前动物牙齿化石，引起了人们的特别关注。在此之前，最古老的大熊猫祖先化石是在欧亚大陆发现的约800万年前的种类。如果在西班牙发现的化石是熊猫的祖先，那么现在中国大熊猫的祖先很有可能来自西欧。

大熊猫的臼齿与其他熊科动物不同，是专门用来啃食竹子的特殊牙齿

脚趾较小，难以接触到地面，奔跑速度更快。正是像草原古马这种为适应草原生活而不断发育进化的马才是现生马科动物最早的祖先。

大象和反刍动物的"现代型"诞生

大象选择了与马完全不同的方式来适应食物的改变。象的寿命很长，一般能活到60岁左右，所以生存的过程中牙齿长得再长也会有磨损的可能性。最初生活在森林里的象类，颌的一侧排列生长着6颗牙齿。后来出现的嵌齿象和剑齿象，它们颌的一侧长有3颗牙齿，当前牙被使用磨蚀殆尽后就会被后牙挤落消失，后牙则被更后面的牙齿推向颌端，接替已消失的牙齿，担负咀嚼、研磨的工作。这种牙齿接力生长的特征被称为"水平更换"。它们把这种方式发展到尽善尽美的程度时，其寿命也得以大大地延长。到约700万年前中新世晚期出现的原象，颌的一侧仅有1颗牙齿，牙齿接力生长的方式更进一步进化。而且，原象的齿冠也显著增高，寿命更是得以大幅度地延长。它的子孙后代——现生亚洲象和非洲象继承了这种特征。

中新世时期独特的生态环境孕育出多种哺乳类。

中新世晚期不仅出现了草原，还出现了半沙漠化的地区。即便冷暖温差大、气候干燥，还是有哺乳动物在这里出没。这些哺乳动物把生活区域选在了地下。具有代表性的是鼠类的一种——北美米拉鼠，为了避暑，它们白天躲在地下活动。

中新世时期生活在森林中的偶蹄类[注2]中出现了新的物种，那就是像牛和鹿一样，进食经过一段时间以后，将在胃中半消化的食物返回嘴里再次咀嚼咽下的反刍动物。它们甚至可以将之前无法食用的坚硬植物，再次咀嚼加工以获取营养。

中新世是一个在草原和沙漠等新的生存环境不断扩张的大背景下，促使新型哺乳动物加速分化的时期。而且这些动物中的绝大部分都是现生哺乳类的祖先。

北美米拉鼠 | *Epigaulus sp.* |

生活于中新世晚期至上新世早期。干燥地区的穴居动物，前肢强健，爪较大。上图是它的骨骼标本，可以看出头上长着2个角，但具体原因尚不明确。

科学笔记

【科】第44页 注1

生物分类主要是根据生物的相似程度（包括形态结构和生理功能等）对生物进行分组和归类的方法，级别从高到低分别为界、门、纲、目、科、属、种。分类等级越高，所包含的生物共同点越少。种是生物分类学上最基本的单位，通常情况下，同种的个体间无法通过有性繁殖产生后代。身体构造和生理机能相似的种归为属，近缘的属又归合为科，在属和科之间设置亚科。

【偶蹄类】第47页 注2

四肢前端拥有的蹄甲数为偶数，如4根或2根，植食性动物。现生哺乳类中共有10科，包括猪科、鹿科、长颈鹿科等。

近距直击

进化型反刍动物的消化系统是怎样的？

牛科、鹿科、长颈鹿科等反刍动物中，有些进化发育出4个胃室。第一胃室是一个密闭的活体发酵罐，大部分食物在这里经由微生物消化。第二胃室负责启动反刍行为。反刍类中最原始的类群是鼷鹿科，现生鼷鹿的第三胃室已退化，具有与非反刍类相近的特征。

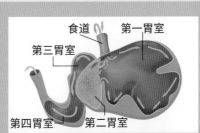

食道　第一胃室
第三胃室
第四胃室　第二胃室

反刍类的胃部模型图，4个胃室均发育完全。图中黄色箭头指示的是食物经过再次咀嚼加工后进入胃部的路线图

祖先从未被人工圈养,是野生马的亚种。野生种一度灭绝,近几年又再次出现。

2303万年前—1162万年前(中新世早期—中期)

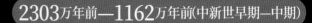

草原古马 | *Merychippus* sp. |

生活在中新世的马类,分布于北美的大片区域,物种繁盛兴旺。体高约90厘米,体形逐渐大型化,是最早在草原上生活的马类。

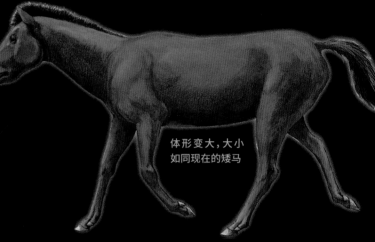

体形变大,大小如同现在的矮马

1597万年前—533万年前(中新世中期—晚期)

上新马 | *Pliohippus* sp. |

最早获得1根趾的马类,在马的进化过程中占据着非常重要的地位,它的后代分散在世界各地。

形体样貌与现生马非常相似

牙齿和四肢

3根脚趾中两侧的2根几乎完全退化消失,只保留了1根,快跑能力增强。与之前的马相比,臼齿齿冠相当高,由此更加适应食草的草原生活。现生马的臼齿长且直,而上新马的牙齿稍微有些弯曲。

臼齿　　前肢

牙齿和四肢

最早发育出高齿冠臼齿的马类。臼齿高至颌骨的中间位置,在食用禾本科植物的坚硬草叶时能够有效抵抗磨损。四肢虽然长着3根脚趾,但两侧的2根脚趾逐渐退化变小,几乎只有1趾。

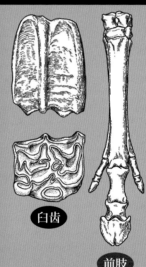

臼齿

前肢

草原古马的骨骼标本

最早的草食性马类,为适应草原生活,体格逐步进化。

4130万年前—2810万年前(始新世中期–渐新世早期)

渐新马 | Mesohippus sp. |

生活于始新世晚期和渐新世中期的马类。它们在北美洲非常普遍。体高60~70厘米。

长着大脑袋,头颅骨与现生马一样有轻微的凹陷处

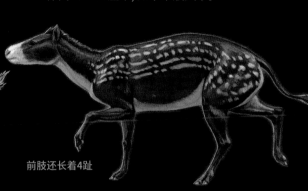

约5000万年前(始新世早期)

始祖马 | Hyracotherium sp. |

最古老的马,始新世早期生活在北美和欧洲。体高40~50厘米,如小羊般大小。

前肢还长着4趾

原理揭秘

从牙齿和四肢的变化来解析马的进化过程

牙齿和四肢

渐新马的牙齿齿冠还不是很高,以柔软的树叶为食。而且,前后肢都长着3根趾,最中间的脚趾明显大且长,快速奔跑的技能刚刚发育。整个体形比它的祖先稍大些。

臼齿

前肢

牙齿和四肢

始祖马的臼齿齿冠低,以柔软的树叶和果实为食。前肢有4根趾,后肢有3根趾,趾尖端还长着小硬爪。基本上都是趾行性动物(用脚趾着地的方式行走)。

臼齿

前肢

马科的系谱图

自最古老的马类始祖马诞生以后,很多种和属出现并经历复杂的进化,最终形成了马科动物家族。长着草食性牙齿的草原古马和获得了1根趾的上新马的子孙在此之后实现了巨大的发展。

气候干燥导致草原面积不断扩大。为适应这种环境变化,马类进行了各种身体上的发育进化。能啃食坚硬的草叶、遇敌能快速奔跑,都是在草原上生存必不可少的技能。马类经过多个世代交替,不断进化,最终发育出适于食草的臼齿和1根趾。下面我们来了解下进化的具体过程。

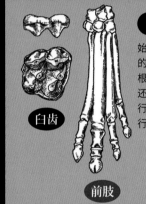

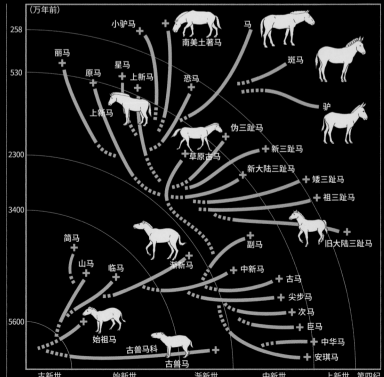

(万年前)

258

530

2300

3400

5600

小驴马　南美土著马　马　斑马

丽马　原马　星马　上新马　恐马　驴

上新马　伪三趾马　新三趾马

草原古马　新大陆三趾马　矮三趾马

简马　副马　祖三趾马

山马　临马　旧大陆三趾马

渐新马　中新马　古马

尖步马

始祖马　次马

古兽科　巨马

古兽马　中华马　安琪马

古新世　始新世　渐新世　中新世　上新世　第四纪

海洋哺乳类的多样化

海底『乐园』里『现代型』哺乳类诞生

古近纪渐新世末，海水温度急剧下降，海平面也发生巨大变化，导致大量海洋生物灭绝。熬过这段环境恶劣的时期后，在丰富多彩的海底世界，生物尝试着各种进化发育。

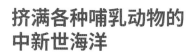

中新世时期的海洋是一个食物丰富而充裕的乐园。

挤满各种哺乳动物的中新世海洋

进入新近纪中新世，地球上年平均水温超过 16 摄氏度的温暖海域增多，对于生物来说，这意味着食物丰富而充裕，适于居住的空间扩大了。在这种得天独厚的生存环境中，鲸类和鳍脚类完成了多样进化。

约 5000 万年前，鲸类从陆地迁入海洋。在约 3600 万年前的始新世晚期，现生鲸的祖先齿鲸类和须鲸类开始分化，到中新世时期种类继续增多。像海豹等一些鳍脚类和像儒艮（自古以来拟称"人鱼"）一类的海牛类也分化出各类属种，在各自的领地繁衍生息。海洋成了哺乳动物的"乐园"，它们在这里进行着各种各样的进化演变。

然而，到中新世末，大约在 533 万年前，海洋环境急剧动荡，海平面也发生巨大变化，长久以来的"乐园"宣告终结。除了经受住了恶劣环境的考验以及动荡未波及的近海区域的物种幸存下来之外，其他海洋生物全部灭绝。这个时代幸存下来的海洋哺乳类繁衍延续，它们的子孙成为现生海洋生物的祖先。

梅氏利维坦鲸
|*Livyatan melvillei*|

生活在中新世中期（约
1300 万 年 前 —1200 万
年前）的齿鲸类，长着
大牙齿的肉食性哺乳类，
据推测，会捕食自己的
同类小须鲸等。

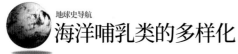
海洋哺乳类的多样化

是鲸类得以生存的技能
用超声波来判断周围的环境

○ 鲸类的系谱图

约5000万年前的始新世时期，鲸类开始从陆地向海洋迁徙。之后，分化为齿鲸类和须鲸类2类，二者的子孙一直延续到现在。中新世之后，鲸类中出现各种各样的种，成为海洋生态系统中的一个大家族。直到现在，这种状况也未曾改变，70%以上的海洋哺乳动物都是这个大家族的成员。

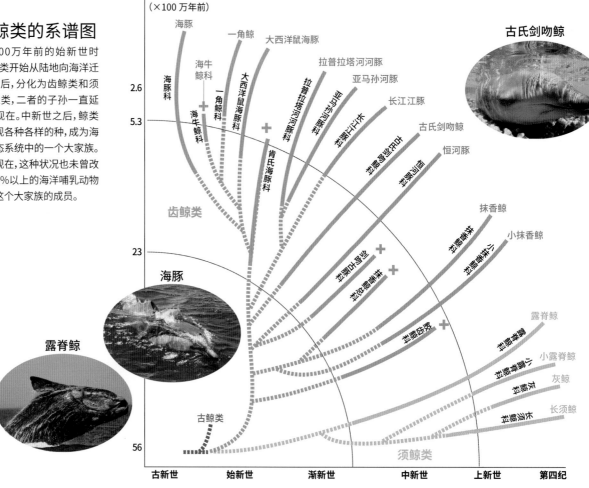

（×100万年前）

古氏剑吻鲸

海豚　一角鲸　大西洋鼠海豚

拉普拉塔河河豚

亚马孙河豚

长江江豚

古氏剑吻鲸

恒河豚

抹香鲸

小抹香鲸

露脊鲸

小露脊鲸

灰鲸

长须鲸

海豚科　海牛鲸科　一角鲸科　大西洋鼠海豚科　拉普拉塔河河豚科　肯氏海豚科

齿鲸类

海豚

露脊鲸

古鲸类

须鲸类

2.6

5.3

23

56

古新世　始新世　渐新世　中新世　上新世　第四纪

海洋哺乳类的化石基本上都是在海岸附近发掘的。近海海底的化石发掘受到诸多条件的限制，只发掘了其中一部分，所以人类对中新世时期海洋哺乳动物的了解还远远无法达到全貌。尽管如此，这个时期海洋生物的情况还是一点点地呈现在了人类面前。

鼻孔长在正中间的齿鲸类海豚

在全世界范围内都有化石分布的海洋哺乳动物是齿鲸类的肯氏海豚，它们被认为是现生海豚[注1]和大西洋鼠海豚的祖先。

齿鲸的吻部很长，鼻孔在向头顶部移动的过程中与面部的头盖骨重合（这种特征称为"套叠"[注2]）。同时，它们会通过鼻孔发出声波并根据回声来判断对象的位置、形态以及大小，即"回声定位"。中新世早期出现的肯氏海豚便具备了回声定位的能力，但尚处于发育阶段。

现生海豚的头骨左右并不对称，鼻孔偏左，发声部位的左右能发出不同音域的超声波，所以对猎物的定位更精准，同时还可以与同伴进行复杂的交流。而肯氏海豚的鼻孔左右对称，位于头顶部正中间，所以发声部位也左右对称，回声定位的方式相对简单。换言之，在当时的海底，它们没有必要处于时刻防御敌人侵袭的警觉状态，这也从侧面说明了中新世时期的海洋确实是生物的生存乐园。

○ 近距直击

因人类捕杀而灭绝的海牛类

海牛类中有些种因为人类的肆意捕杀而灭绝。1741年，探险家维他斯·白令一行来到一座无人岛（后来命名为"白令岛"），当时船队中的医生斯特拉发现了更新世早期的生物大海牛。探险结束回国后，斯特拉在自传中写道："海牛肉质鲜美、皮毛柔软。"人们在看到这段描写后，开始肆意捕杀海牛，从它们被发现到全部灭亡只用了27年时间。

斯特拉大海牛的复原图。现生海牛类只有儒艮科1种、海牛科3种

梅氏利维坦鲸
| *Livyatan melvillei* |

左图为梅氏利维坦鲸的头部骨骼标本。它是生活在中新世中期的齿鲸亚目抹香鲸科鲸鱼，上下颌两侧都长有40厘米左右长的牙齿，会捕食同类。

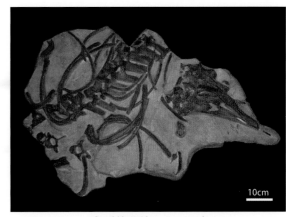

10cm

肯氏海豚 | *Kentriodon* |

肯氏海豚化石遍布整个日本，上图是1998年在群马县发现的化石，可以推测它们是中新世时期海洋里的主角。

齿鲸类的种类非常多。

在尝试进化的过程中，捕食同类[3]、被称为"海洋怪物"的鲸鱼出现了。2008年，在南美秘鲁发现了抹香鲸的同类——齿鲸亚目的梅氏利维坦鲸的化石。现生抹香鲸的上颌没有功能性牙齿（来自牙龈的牙齿），而梅氏利维坦鲸的上下颌两侧都长着长达40厘米的巨大牙齿，有迹象表明它们会捕食幼小的须鲸类[4]。

曾经繁盛一时、现已灭绝的鳍脚类

中新世海洋哺乳类中，海狮科和海象科等一些鳍脚类非常繁盛。在这个时期的地层中曾发掘出大量现已灭绝的皮海豹科[5]化石，由此它们被认为是中新世某一阶段的霸主。其中的异索兽属体形庞大，能够潜入海底深处，生活区域广，是皮海豹科中最繁荣的一属。遗憾的是，到中新世晚

出现了捕食同类的鲸鱼

中新世晚期，海水温度急剧下降，海平面也发生了巨大变化，导致食物短缺，肯氏海豚数量减少，直到约533万年前的上新世早期，地球上再没有它们的踪迹。不过，现生海豚和大西洋鼠海豚的祖先在这个时期进化出了高精度的回声定位能力，在海洋里幸存了下来。

科学笔记

【海豚】第52页 注1
在日本，人们经常把海豚和鲸区分开来，而在英语国家则统一称为"鲸"。日本有着悠长的捕鲸历史，身长4米以下的鲸鱼被称为"海豚"，其实海豚也是齿鲸亚目的一科。

【套叠】第52页 注2
套叠是指鼻骨孔在向头顶部移动的过程中与面部头盖骨重叠，也就是指吻部与枕骨逐渐深入颅顶。而齿鲸类和须鲸类的套叠形式略有不同，齿鲸类的套叠作用主要来自吻部不断后延；至于须鲸类，主要是颞间区缩短，上枕盾前延并变得倾斜，吻部后延与枕骨在颅顶交汇，额骨及颅顶之间的矢状嵴缩短，鼻骨孔逐渐后延。另外，二者在牙齿方面也有所区别，须鲸类大多没有牙齿。然而事实上，很多须鲸化石都表明须鲸长有牙齿，所以有没有牙齿不能作为区分齿鲸和须鲸的依据，而应该根据套叠方式来区分。

【捕食同类】第53页 注3
虽然鲸鱼捕食同类的现象并不常见，但是在始新世时期，古鲸类的背脊鲸会捕食一种叫作矛齿鲸的小型鲸类。

文明与地球 | **名字的由来**

属名取自《圣经·旧约》

《圣经·旧约》中出现的海怪

生活在中新世时期的巨大鲸鱼"梅氏利维坦鲸"，2008年人们在发掘出它的化石后，便以《圣经·旧约》中出现的大海怪"利维坦"的名字将其命名为"利维坦鲸"。然而，后来由于象类也在使用这个属名，便将之改为"梅氏利维坦鲸"。

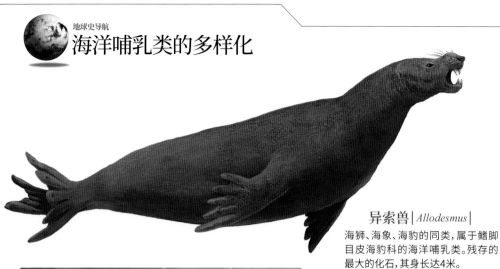

异索兽 | *Allodesmus* |
海狮、海象、海豹的同类，属于鳍脚目皮海豹科的海洋哺乳类。残存的最大的化石，其身长达4米。

异索兽的全身骨骼标本
上图为在日本石川县珠洲市发现的异索兽全身骨骼化石（复制品）。挖掘出了几乎所有的骨片，而且这些骨片都是通过关节连接在一起的。

科学笔记

【须鲸类】第53页注4
中新世时进化出了非常多的种类，达到了顶峰。所有现生的须鲸类都是用所谓的鲸须过滤海水中的浮游生物进食。早期的须鲸类有仍保留有牙齿的种类，但基本上可以认为所有须鲸类都是相同的食性。须鲸类整体的进化趋势有牙齿消失、体形增大、头部增大，颈部缩短以及伸缩现象明显等。

【皮海豹科】第53页注5
已灭绝的鳍脚类的科之一，化石记录在北美洲和日本中新世早期到中期末的地层中都有发现。臼齿的齿冠呈圆形，下颌骨的高度很高，眼眶很大，被认为与海豹科的亲缘关系近。

期，它们因无法适应环境的变化而灭绝。

此外，在这个时期，海象科也极为繁荣。现生的海象仅残存有1属1种，而在当时它们的种类比海狮还要丰富，其中占据着核心地位的是拟海象，名字取"近似海狮"之意。现生海象以贝类为主食，当时的海象却与海狮一样捕食鱼类，有着与海狮相似的流线型身体。之后，海狮科发展繁盛，生活区域扩展至南半球，海象科放弃捕食鱼类，开始食用贝类，因此躲过了灭绝的风险。

生活在近海区的哺乳类无须进化

中新世时期的海洋哺乳类就这样不断尝试着进化，各样体形和各具特征的动物出现了又消失。露脊鲸等一些须鲸类结束了进化，体形和特征已与现代型非常接近。

那它们与其他动物有什么不同呢？首先，大部分须鲸类体形较大；其次，其活动范围广，近海区也是它们的活动据点之一。

中新世晚期，海平面急剧动荡，一部分水深较浅的沿岸地带演变成陆地。但是近海区水深相对较深，像水深达100米的地方则并未受到很大的影响。换言之，中新世晚期的海洋环境变化并没有对生活在近海区的生物造成太大的打击。须鲸类就在这种相对安稳的环境中慢慢地发育进化，最终演化出近似现生须鲸的模样。

纵观整个地球演进史，中新世时期海洋里生活着的哺乳动物种类最为丰富。后来虽然经历了剧烈的环境变动，但是其中一部分海洋哺乳类得益于当时食物丰富而充裕的海洋环境，躲过了灭绝的风险，一直延续到了现在。

中新世时期也存在头骨左右不对称的海豚！

观点 碰撞

中新世的海洋里可能生活着数量不多的头骨左右不对称的海豚。它们能够发出复杂的超声波来精确地定位生物的位置。有些学者认为这些海豚生活在远海。如果这样的话，那肯氏海豚发出的超声波较为简单，就不是因为本书所提及的当时的海底世界环境安稳，食物充裕，而是因为它们生活在沿岸海域。今后，随着化石的不断发掘，也许这种观点会进一步得到证实吧。

在中新世时期的地层中发现的头骨不对称的海豚化石。近年来，发掘出的化石数量不断增多

首次揭开怪兽索齿兽的神秘面纱

臼齿形状奇特之谜

　　大约 2000 万年前—1300 万年前的中新世早期至中期，在北太平洋沿岸生活着一种名叫索齿兽的奇异海洋哺乳类。

　　索齿兽又名束柱齿兽，在希腊语中是指"包捆成束状的柱子"，正如名字所示，它们的臼齿像包捆成束状的圆柱体，形状奇特。因其同类已全部灭绝，所以虽然发掘出了大量的化石，生物界对于它到底是什么动物一直没有定论。不过经过不懈的努力，现在我们终于揭开了它的神秘面纱。

　　对于索齿兽的古生态，有过各种各样的假说，有人认为它们生活在岸边，食用海藻、海草、底栖软体动物；也有人认为它们是陆生植食性动物。近年来，我们引入了一种新的分析仪器，对某种生物的牙齿中含有的氧和碳等稳定同位素比值进行测定就能够知晓它在什么地方吃了什么东西。在对索齿兽的牙齿进行稳定同位素比值测定后，人们发现它们极有可能生活在海水与淡水混合的半咸水水域，食用海藻或者底栖无脊椎动物。

■索齿兽的复原图

基于最新研究成果复原的索齿兽古生态图（甲能直树监修，中上野态绘制）。

■索齿兽的化石

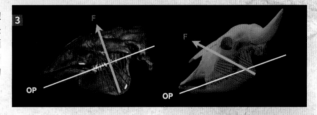

1索齿兽的牙齿。左边是上颌齿，右边是下颌齿。**2**岐阜县发现的索齿兽头盖骨化石。**3**索齿兽（左侧）的咬合面（OP）相对应的咬肌作用方向（F）。与一般的有蹄类（右侧）不同，其咬肌的作用方向与咬合面几乎垂直。

牙齿的进化并不是因为咀嚼食物的需要

　　如果把索齿兽的颌运动按照咬肌的走向进行复原的话，可以发现它们与其他哺乳动物截然不同，其咬肌几乎是垂直于牙齿的咬合面进行运动的。而且，它们不仅颌骨深陷，就连齿间隙都是沿着颌骨排列，即便嘴巴合上，嘴前端也处于张开的状态，由此形成了独特的吻部。根据这些特征，我们推测索齿兽的进食方式是舌头在紧闭的口腔中用力往后缩，吸入并吞下底栖无脊椎生物。

　　索齿兽的舌头在口腔中能够用力地前后伸缩，为了保持口腔不变形，强大的咬肌牢牢地固定住了颌骨，与此同时，原本用来嚼碎食物的臼齿也形成了非常坚固的圆柱体以支撑颌骨。生物牙齿的发育进化不是出于咀嚼食物的需要，这种现象并不常见。索齿兽是半陆生哺乳类，它们生活在岸边，而且在岸边觅食的情景图已被复原。但是，如果它们是在水底通过吸入方式觅食的特殊海洋哺乳动物的话，那么长久以来争论不休的索齿兽的生活方式和栖息地又会是另一种完全不同的状况。不过无论如何，它们已经不再是魔幻的怪兽。

甲能直树，1961 年生，日本横滨国立大学研究生院教育学研究科硕士毕业。理科博士。哺乳类古生物学专家。主要研究海洋哺乳类的系统进化和适应辐射。从 2013 年起开始兼任筑波大学研究生院生命环境科学研究科教授。1996 年获得日本古生物学会论文奖，2010 年再次获得同类大奖，2011 年获得日本哺乳类学会论文奖。

随手词典

【真海豚属】

真海豚属因为生活区域不同导致身体特征差异较大，分类学上对此一直争论不休。20世纪90年代后，人们根据基因分析多把真海豚分为短吻真海豚和长吻真海豚2种。

【嘀嗒声】

齿鲸类发出的声音中，有频率高、脉冲宽度小，类似于"咯吱咯吱"的声音，此外还有层状声音以及低频的哨鸣声。

【额隆】

富含油脂的橄榄球状脂肪组织，超声波经过此处时衰减变小。而且从额隆中心部向外围，音速是逐渐加快的，所以它也发挥着类似于透镜的作用。

现生齿鲸类集群

齿鲸类通过回声定位能与同伴进行交流，有学者认为它们能够与距离自己10～20千米远的同伴交换信息。

肯氏海豚的回声定位

头骨左右对称的肯氏海豚，鼻孔位于正中间，发出超声波的部位也是左右对称的，发出的超声波相对简单。所以它无法定位音域外的猎物，回声定位能力并不发达。

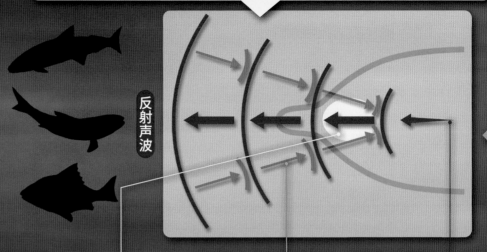

反射声波

额隆

肯氏海豚发出的超声波通过额隆后，频率分布范围变广，焦点不准。现生齿鲸类发出的超声波通过额隆后会变成2道平行的声波。

感知反射声波

肯氏海豚因超声波对焦不准，反射回来的声波也变得模糊不明确。而现生齿鲸类的2道超声波能够对准目标物体，2道不同的反射声波也能被精确弹回。

嘀嗒声

指从头部发出的超声波。现生齿鲸类能够发出频率不同的2种超声波，而肯氏海豚只能发出1种超声波。

反射声波

现生齿鲸类的回声定位

现生齿鲸类的头骨左右不对称，鼻孔偏左，导致从鼻孔深处狭窄缝隙间发出的超声波左右音域也不同。所以，它们能够精准地定位猎物的位置，与同类进行复杂的交流。

🔍 近距直击

人类听不见海豚的嘀嗒声？

水族馆的训练员在对海豚进行训练时，通过吹笛子来向它们发出信号。这种笛子是犬笛，发出的声音频率为30千赫。而人类能够听到的声音频率在20赫～20千赫之间，显然犬笛发出的声音超出了这个范围，所以人类听不到。海豚的听力在75赫～150千赫之间，能够听到非常高频的声音，所以它们会对犬笛发出的声音有所反应。而且，宽吻海豚发出的嘀嗒声频率在100～130千赫之间，更是远远超出了人类的听力范围。

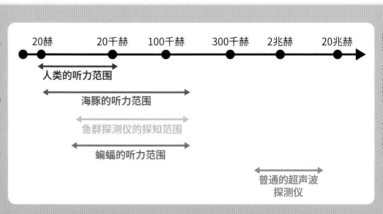

20赫　20千赫　100千赫　300千赫　2兆赫　20兆赫

人类的听力范围

海豚的听力范围

鱼群探测仪的探知范围

蝙蝠的听力范围

普通的超声波探测仪

频率是指物体在单位时间内完成周期性变化的次数。在1秒钟内振动1次就是1赫兹。频率越高，声音越高

肯氏海豚 | *Kentriodon pernix* |

属于齿鲸亚目肯氏海豚科,据推测身长在3米以下,出现在中新世早期,于中新世结束后的上新世早期灭绝。在日本也发现了大量的化石,被认为曾生活在全世界各地的海洋里。

头骨左右对称,鼻孔位于正中间。

始新世时期的鲸类(古鲸类)的门齿与臼齿已经没有什么不同,与犬齿属于同型齿。

真海豚 | *Delphinus delphis* |

属于齿鲸亚目海豚科真海豚属,身长最大约2.6米,广泛分布于从温带到热带的海域。大多生活在海面附近,游泳速度特别快。经常数百头甚至数千头为群,有时也会与其他鲸类共同行动。

现生齿鲸类的头骨左右不对称,鼻孔偏左。

在浑浊的水中视线模糊,难以看清物体,眼睛退化。

原理揭秘

齿鲸类的回声定位

现生真海豚等一些齿鲸亚目最大的特征是它们具有回声定位的能力,即利用头部发出的超声波来判别周围物体的大小、形态等。中新世时期繁盛的齿鲸亚目肯氏海豚已经具备了这种能力,但是与现生齿鲸类有所不同。接下来就让我们来了解一下现生齿鲸类与肯氏海豚的回声定位原理。

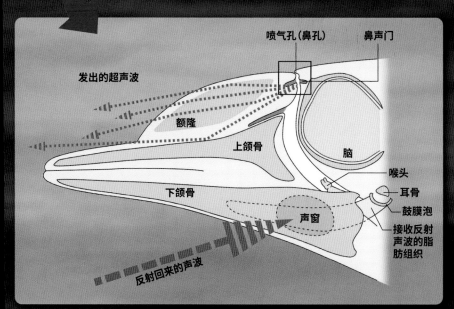

发出的超声波
喷气孔(鼻孔)
鼻声门
额隆
上颌骨
脑
下颌骨
喉头
耳骨
鼓膜泡
声窗
接收反射声波的脂肪组织
反射回来的声波

回声定位的原理

从鼻孔深处一道狭小的缝隙(鼻声门)间发出超声波,超声波在头部似橄榄球状的额隆(脂肪块)处聚集并向前发射出去,在碰到障碍物后弹回来的声波经由下颌被传递到内耳、大脑,由此判断出障碍物的大小与形态。

地球博物志

南美洲的哺乳动物

| The mammals of South America |

独自完成进化的动物

约1亿年前的白垩纪中期之后，南美洲基本上成为一个孤立的岛屿大陆，生活在这里的哺乳动物走上了一条与北半球完全不同的独自进化之路。前面我们用大量的篇幅介绍了中新世时期生活在北半球的哺乳类，那同时期的南半球上又生活着哪些哺乳动物呢？

【原齿兽】

| Protypotherium |

南美洲有蹄类中最大的一个种群就是南方有蹄目。南方有蹄目头骨短，头顶部平坦，脑颅宽。特别是耳朵的构造很特别，拥有非常发达的听觉。原齿兽如兔子般大小，臼齿的齿冠很高，被认为是植食性动物。

图为头骨（上部）与部分骨骼（下部）。南方有蹄目在早期阶段就有了适于植食的臼齿，在后来进化的过程中，高齿冠的臼齿也得到了发展

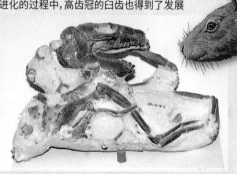

数据			
分类	南方有蹄目印齿兽亚目中间兽科	大小	头体长约50厘米
分布	南美洲	年代	中新世早期—晚期

🔍 近距直击　　· · ·

南美洲出现了比马类早先进化为1根趾的动物！

南美洲有蹄类中的第二大族群是滑距骨目，其中于中新世早期出现的原马型兽，与较小的马差不多大小，它最大的特征是四肢都只有第三趾（中趾）1根。北美大陆进化后的马类中，最早获得1根趾的是中新世中期出现的上新马。也就是说，原马型兽比马类早先获得了1根趾，和马类一样适应了在草原上快速奔跑。

原马型兽在进化过程中并没有长出同马类一样的高齿冠臼齿

【滑距貘】

| Theosodon |

属于南美有蹄类中进化时脚趾数量逐渐减少的滑距骨目。滑距骨目分为原马型兽科和后弓兽科，滑距貘属于后者。骨骼和有44颗牙齿等一些身体特征与骆驼相似，但是从鼻子位置和整体细长的头骨等来看，又有许多不同之处。

头骨整体细长，食用树叶

数据			
分类	滑距骨目后弓兽科	大小	肩高约1米
分布	南美洲	年代	中新世早期—晚期

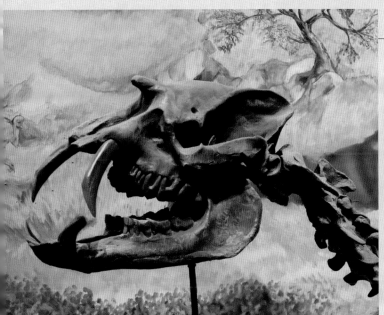

【闪兽】

| *Astrapotherium* |

上下犬齿非常大(左图),躯干长而四肢短(下图)

南美洲有蹄类中的闪兽目。闪兽与犀牛大小相仿,以树木的叶子为食。上下犬齿非常大,而且终生持续增大。鼻骨位置高,据推测拥有像貘一样的长鼻子。

数据			
分类	闪兽目闪兽科	大小	头体长约2.7米
分布	南美洲	年代	中新世早期—中期

【原古戴甲兽】

| *Propalaeohoplophorus* |

腰椎上比其他哺乳类多些关节,属于异关节类。这些多余的关节使得腰付近的脊柱非常结实。原古戴甲兽是异关节类中的有甲目,背甲上小骨瓦密集形成了坚硬的"铠甲"。头骨上的甲的形状和背甲花纹的凹凸很戈是其特征。

背甲的花纹清晰可见(照片为美国自然历史博物馆所藏)。从复原图可以看出头骨上也长着甲壳

数据			
分类	有甲目雕齿兽科	大小	全长1~1.5米
分布	南美洲	年代	中新世早期—中期

【巨爪地懒】

| *Megalonyx* |

异关节类中除了拥有骨骼铠甲的有甲目外还有一些披毛目,巨爪地懒便是其中之一,属于披毛目巨爪地懒科。它们于中新世早期出现在南美洲,后来用某种方法迁徙到相距较远的西印度群岛,又从那里来到北美大陆。

相当于现生地面树懒的祖先,后肢和爪都非常大,据推测巨爪是用来刨挖植物的

数据			
分类	披毛目食叶亚目巨爪地懒科	大小	头体长约2.5米
分布	北美洲	年代	中新世晚期—更新世晚期

【舌懒兽】

| *Glossotherium* |

属于披毛目磨齿兽科。这一科在南美洲地表树懒中具有绝对的优势。舌懒兽最大的特征是其庞大的体形、粗粗的尾巴以及前后肢有巨大的钩爪。最早发现其化石的是达尔文。

身长最大约3.5米,在北美洲也有分布

数据			
分类	披毛目食叶亚目磨齿兽科	大小	头体长约2.5米
分布	南美洲、北美洲	年代	中新世晚期—更新世末

杰出人物

博物学家
查尔斯·罗伯特·达尔文
(1809—1882)

达尔文也曾到南美洲探险

达尔文建立起物种进化理论,他指出所有的物种都是由共同的祖先经过自然选择的过程后进化而来的。1831年12月,达尔文乘坐贝格尔号军舰进行环球考察时,曾踏上南美这片独立的大陆。在这里,他发现了舌懒兽的化石。回国后,他历时22年著成《物种起源》。直到现在,达尔文的自然选择学说仍是生物进化学的基础之一。

生机勃勃的平原

塞伦盖蒂国家公园

位于坦桑尼亚北部，1981年被列入《世界遗产名录》。

在坦桑尼亚北部广阔的热带稀树草原上，生活着300多万只野生动物。"塞伦盖蒂"在马赛语中意为"一望无际的草原"。这里是一个残酷的世界，每天都在上演着弱肉强食、适者生存、激烈的生死争斗。然而这里又是一个充满生机的地方。

大草原上的野生动物

狮子

最大的猫科动物。通常由1~3只雄狮、多只雌狮以及它们的孩子组成威风凛凛的狮群，雄狮负责狩猎。

马赛长颈鹿

现生长颈鹿中脖子最长的，头顶高约5米。分布在非洲东部的大草原，塞伦盖蒂草原上生活着约4000只。

非洲大羚羊

牛科动物，全长约160厘米。雌雄都长有角，最长的雄性角可达80厘米。它们能从植物中获取水分，所以非常耐饥渴。

斑鬣狗

鬣狗科最大的动物，全长约150厘米。它们因食用剩肉和腐肉而被称为"草原的清洁工"。

角马大迁徙验证着大自然适者生存的残酷法则

每年到雨季和旱季交替之际，塞伦盖蒂国家公园都会上演野生动物的大迁徙。公园内的近 200 万只斑纹角马，在大草原的南部地区度过雨水充沛的雨季后，会在 6 月的干旱季，启程前往 1500 千米之外水源充沛、食物富裕、气候湿润的西北部。在迁徙的过程中，有的被肉食性动物袭击，有的在过河时溺水而亡，大约会有 25 万只丧命。

末日号角声

天空传来低沉的金属声，像翻滚的波浪，卷过来又卷回去，阵阵轰鸣。不知是谁先起的头，人们把这种异常诡异的声音称为『末日号角声』。近年来，多地报道出现过这种声音，但对于这种现象产生的原因众说纷纭。

所谓"启示录"，是指上帝向人们启示被隐秘的真理或者上帝的意志，源自《圣经·新约》中的最后一章《启示录》。该书被看作是上帝委托预言家通过秘密仪式向人类做出的启示，书中还出现了对世界末日和千年王国等的描写。

"末日号角声"这一现象首次通过视频被报道出来的是在乌克兰的首都基辅。2011 年 8 月，基辅市内一个居民住宅鳞次栉比的街道上，阴沉沉的天空中传来一阵粗犷低沉的金属声，像是巨大的野兽在咆哮。而且声音时强时弱，持续了好几分钟。

这个视频被上传到网上，一时间引起了广泛的关注。此后，美国、加拿大、丹麦、匈牙利、白俄罗斯等地的住宅区街道、山中、田地里都出现了同样的现象，而且被拍成视频上传到网上。这些怪声有的听起来像是从洞穴深处传来的声音，有的又像是直升机的机翼转动声，有的像铜管乐器的调音声，还有的像笨重的金属门打开的声音。这些到底是大自然的声音还是人为制造的声音，真相不明。但它们都是频率低的低沉金属声。

玛雅文明灭亡说甚嚣尘上

《圣经·启示录》中有 7 位吹号角的天使。第一位天使吹号，冰雹和火焰带着血色掷向大地，土地和树木毁灭了三分之一。第二位天使吹号，血水染红了海域的三分之一。第三位、第四位……一个接着一个号角吹响，白昼的三分之一变成黑暗，被放出的恶灵杀掉地上三分之一的人。直至第七位天使吹号时，电闪雷鸣，地震城塌，海岛山峦都无踪影，特大冰雹砸在人身上。

人们把这种诡异的金属声同不祥的末日号角声联系在一起，与 2011 年开始的玛雅文明灭亡说有着莫大的关系。8 世纪繁荣的中美玛雅文明，掌握高度的数学和天文学知识，使用一套独特的历法系统。2012 年 12 月 21—23 日这段时间被认为是玛雅长纪历的结束，所以这段时间是世界末日的说法引起了全世界的骚动。

而全球气温持续上升引起的气候变动和自然界异变等征兆加剧了人们对玛雅人预言的世界末日的恐慌。

2011年，乌克兰首都基辅市上空响起末日号角声，这个现象首次通过视频的形式被报道出来。作为基督教的圣地之一，这里的索菲亚大教堂和佩切尔斯克修道院都是被列入《世界遗产名录》的建筑

玛雅文明天文台，高约13米，坐落于墨西哥梅里达向东约120千米的玛雅文明奇琴伊察遗址之上。玛雅人精准地计算出太阳年的长度，一年为365.2420日，而现代天文学家用计算机测算出的一年为365.2422日，误差仅为0.0002日，精准程度令人十分惊讶

位于美国阿拉斯加州康的HAARP项目天线组阵。阿拉斯加大学也参与其中，然而这个项目在2013年因经济原因被关停

比如美国黄石国家公园的超级火山就曾发生过3次超大规模的喷发，危害极大。而且，近年来黄石公园地震不断。由于担心这座超级火山会随时强烈喷发，火山学家对它进行了地质勘探，确认它下面隐藏着巨大的岩浆库。

又比如非洲荒野上的大裂缝。自2005年火山喷发后，埃塞俄比亚高原上就形成了一条长达56千米、宽6米的裂缝，随着时间的推移，这条裂缝持续变宽。地质学家在考察过后认为非洲大陆将一分为二。这也是海洋板块周围的火山区会突然发生大规模地壳变动的实例。

根据上述事件，有人推测末日号角声有可能是地壳变动的声音。

地磁倒转发出的声音？

对于末日号角声产生的原因，还有人风传与外星人入侵、地球磁极倒转等一些超自然现象有关。磁极倒转分为地球自转轴倾斜角发生改变和地球南极、北极磁场对换两种。但科学已经证实这两种在短时间内都无法实现，更别说听到倒转的声音了。

更有人认为这是美国高频活动极光研究计划（HAARP计划）的科学家在操作设备时发出的声音。HAARP计划是美国空军和海军在阿拉斯加州联合建造和共同管理的一个研究计划，目的是研究电离层

和空间天气。但是由于其实验内容神秘、保密严格，很多人猜测它是一项具有重大战略意义的综合军事研发项目。

总之，玛雅人预言的2012年12月世界末日并没有到来，人类没有灭亡，末日号角声应该会消失吧。

然而，事实上末日号角声还在不断被报道，而对它产生的原因至今仍然无解。

Q 海洋哺乳类在深海中能看得见？

A 异索兽是中新世海洋哺乳类中的霸主——鳍脚类皮海豹科的一属，除了拥有身长达4米的庞大体形，还有一个令人难以忽略的特征，那就是长着一对大眼睛。一般情况下，眼睛的大小取决于聚光的能力，和体形大小无关。而且，在一丝光都到达不了的幽暗深海，眼睛再大也无济于事。异索兽却与众不同，或许是它们不像其他海洋哺乳类一样适应了黑暗的深海，在海洋最深处也看得见光亮吧。

Q 日本是什么时候开始种植水稻的？

A 禾本科的代表性植物水稻，是一年生植物，与小麦、玉米并称为世界三大谷物。水稻是作为栽培作物从中国传到日本的，但是具体时间无法确定。日本开始水稻耕作是在公元前10世纪，据说是绳文时代晚期。但是，真正开始种植水稻是在公元前9世纪左右。稻田的经营需要人力协同合作，由此形成集体，产生了分工和阶级。不久，有能力的人登上了领导位置，为国家的统一奠定了基础。甚至可以认为，正是因为水稻的传入才有了日本这个国家。

水稻耕作在弥生时代（公元前300年—公元250年）就已经扩展到了日本本州的最北部。棚田是日本稻作文化的代表性景观之一。图中是石川县轮岛市『白米千枚田』，1999年被指定为国家名胜。

Q 中新世时期存在大型鼠类？

A 在人们的印象中老鼠的体形都很小，但是在中新世的南美洲，生活着一种巨鼠，体长约3米，体重达700千克。因为化石是在河口和湿地发现的，人们推测它们是食草性动物。它们还长着一条长1.5米的尾巴，可以支撑后肢站立。对于它们的体形为什么如此巨大，生物学家意见不一，有一种观点认为，为了消化、吸收难以消化的植物，需要一个大的消化器官，也因此必须有一个巨大的身体。

巨鼠的复原图。从骨骼特征来看，和现生天竺鼠相似。

Q 哺乳动物的奇怪洞穴

A 从渐新世晚期到中新世早期，以北美洲落基山脉东麓的半干旱草原地区为中心，群居生活着一种啮齿动物——古河狸。它们头体长25～30厘米，为了防燥和躲避敌人的袭击，非常擅长挖洞。它们的洞穴非常奇特。洞穴向下延伸为紧密盘绕的螺旋形，深达2.5米，在底部又以30度的角度向上挖掘出一个供休息的房间。这些洞穴刚被发现时，谁也没有想到是古河狸的杰作，直到在底部的房间里发现了它们的化石。哺乳动物的洞穴中也存在一些个性十足、特征鲜明的。

河狸通常生活在水边，然而古河狸却生活在半干旱地区。它们的洞穴因形状特殊，被称为『魔鬼开瓶器』。

干燥的世界

3400 万年前—533 万年前
[新生代]

新生代是指从 6600 万年前开始持续至今的时代。在这一时期，哺乳动物、鸟类以及被子植物等取代中生代的恐龙，迎来了全盛时期。不久，在它们之中，一个新的角色隆重登场，那就是我们——人类。

			现在
	第四纪	全新世	1.17
		更新世	258
新生代	新近纪	上新世	533
		中新世	2303
	古近纪	渐新世	3390
		始新世	5600
		古新世	6600 （万年前）

—顾问寄语—

神奈川大学客座讲师　藤冈换太郎

新生代发生了若干影响地球环境的大事件。

一直裸露在地表的南极大陆突然被巨大冰盖覆盖，并且急速变得寒冷干燥。

地中海干涸，日本海诞生，日本列岛不断南移，这几个巨大的变化同时发生。

以上每一事件都充满了谜团，成为经久不衰的热点话题。

接下来就让我们去探索一下其中的原理吧。

地 中 海 隐 藏 的 历 史

在地球漫长的历史中，海洋彻底干涸并不是多么稀奇的事情。但是，美丽富饶的地中海竟然曾一度干涸，还是令许多研究人员惊讶不已。海水蒸发会导致岩盐、石膏等蒸发岩的形成。在意大利西西里岛南部等地中海沿岸就分布着大量的蒸发岩，这些是约 597 万年前—533 万年前地中海海水全部蒸发成为沙漠的证据。与蒸发岩一起出现在世人眼前的，还有白色的石灰岩层，它是地中海重新灌满海水后沉积形成的产物。现在我们看到的地中海无疑是丰饶而充满风情的，而袒露在此的岩石，静静地为我们叙述着它曾经干涸、贫瘠的历史。

意大利西西里岛西部
埃拉克莱阿·米诺瓦遗迹附近的断崖

西西里岛位于意大利半岛以南、大约地中海正中的位置。其西部沿岸有埃拉克莱阿·米诺瓦遗迹，埃拉克莱阿·米诺瓦是公元前6世纪中叶古希腊人建造的城市。在遗迹的一个断崖上，我们可以看到约597万年前—533万年前地中海干涸时期形成的蒸发岩以及后来沉积的白色石灰岩层。

日渐干涸的"丰饶之海"

这片与以色列死海非常相像的海域，是560万年前的地中海。受板块运动的影响，地中海与其他海域彻底断开连接，成为一个孤海，注入的水量不及蒸发的水量，如今面积达250万平方千米的地中海在当时急剧地干涸。它很快就缩得很小，泛起神秘的祖母绿色，盐分的浓度高得惊人，而边上白色的原野正是大量海水蒸发后形成的盐分结晶。作为古希腊、古埃及等诸多文明的发祥地，地中海被人们亲切地称为"丰饶之海"。然而在它的海底深处，至今仍沉睡着厚达3000米的蒸发岩，那是地中海曾经沦为"死海"的证据。

象的骨骼　　　露出地表的岩盐

地中海

南极冰盖的形成

巨大的冰盖覆盖不断变冷的南极大陆

南极大陆是地球上最寒冷的地方，而且极度干燥，年降水量不到100毫米。厚厚的南极冰盖覆盖了南极大陆大约98%的面积，成为地球上最大的冰盖。如此庞大的南极冰盖，到底是怎么形成的呢？

巨大冰块中储藏着地球上90%的淡水

今天的南极大陆与其他陆地板块分离，基岩上覆盖着厚厚的冰块，是当之无愧的"冰之大陆"。覆盖南极大陆的巨大冰块被称作"南极冰盖"，平均厚度是1856米，目前已确认最大厚度约为4776米，这个厚度不可谓不惊人。地球上约90%的淡水都储藏在这厚厚的冰盖中。那么，南极冰盖到底是怎么形成的呢？

南极大陆从诞生伊始，就处在一个相对温暖的环境中，一直到约3400万前，都不曾出现这么巨大的冰盖。南极变冷的契机是地球板块运动，它使得南极大陆与其他大陆分离，而随着南极大陆的孤立，南极绕极流生成。这是一股力量庞大的寒流，环绕着南极周围流动。

南极绕极流将南极大陆与暖流远远地隔开，导致南极急速变冷。在变冷的同时，冰雪开始覆盖大陆，巨大的南极冰盖就这么一点点地形成了。

但是南极冰盖的规模怎么会如此巨大，并且在以后漫长的岁月中基本没发生什么改变呢？关于南极冰盖的形成过程，至今仍充满谜团，让我们来试着一探究竟吧。

目前地球上只有南极大陆和北半球的格陵兰岛上有冰盖！

西南极冰盖的陆缘冰和浮冰

南极大陆分成东南极和西南极两个部分。图中的博克格雷温克海岸位于西南极，冰盖上可见连绵的陆缘冰。图底部的海冰属于浮冰，在冬夏两季会呈现出完全不同的面貌。冬季此处的冰块会聚在一起，密度随之增大。

🔍 **近距直击** • • •

没有雪也没有冰的干旱河谷

在干燥的南极大陆，有一块地方尤其干燥，那就是位于罗斯海以东的干旱河谷。受风向和地形的影响，这里不容易积雪，即使有一点点的降雪也会很快蒸发，因此地表、岩石都是暴露在空气中的。在冰盖覆盖率高达98%的南极大陆上，这片没有冰雪的岩石地带也被称为"绿洲"，可以看见藻类、菌类等生命体。这里的湖泊盐度极高，不会结冰，被称为"不冻湖"。

干旱河谷（左图）中经常有海豹乱入，它们死后成为干尸（右图），有些干尸甚至已经存在1000多年。为什么海豹会来到这里呢？这个问题至今没有答案

南极冰盖的形成

极端寒冷的环境下 降雪变成了冰盖

远古时期的气候比现在还要温暖，在那种条件下，没有冰雪的南极大陆到底是怎样被厚厚的巨大冰块，也就是"南极冰盖"覆盖起来的呢？

冰盖形成的第一个条件是降雪。不过，南极上的雪不是寻常的雪。今天南极大陆上的大部分降雪都是冰晶[注1]，那是吹到陆地上空的气流中的水蒸气直接凝华形成的。南极上的雪以冰晶状态落下来，晴天时在日照下闪闪发光，形成"钻石尘"这种独特的天气现象。

耗费数万年 得以成型的厚冰块

钻石尘现象一般在冬季气温降到零下10摄氏度左右时出现。

可以肯定，在大约3400万年前开始急速变冷的南极大陆上，某个时期曾持续不断地出现钻石尘现象。

雪落下来后，不断累积压实，密度变大就成了冰。落到山丘地带的冰晶则附着在冰的表面，不会融化，而是被挤压着，成为一个个冰层。这些冰层就成了南极冰盖的原点。一般来说，冰盖1年内增加的厚度不到10厘米，而要达到数千米的厚度需要耗费数万年的时间，最终才变成现如今形似光滑穹顶的

在冰盖最深处发现了72万年前形成的冰！

裸露出冰盖剖面的断崖

在埃默里冰架附近的普里兹湾母亲岛上发现的冰盖剖面。普里兹湾于1931年被发现。

南极大陆现有冰盖的地形图和剖面图

南极大陆以长约3300千米的南极横断山脉为界，分为东南极和西南极两个部分。有研究认为，海拔4093米的"冰穹A"下面的甘布尔泽夫山脉附近是南极冰盖最早形成的地点。下面的剖面图绘制的是利用冰雷达技术勘测到的冰盖内部结构。从这张剖面图我们可以发现，西南极大部分的基岩位于平均海平面以下。

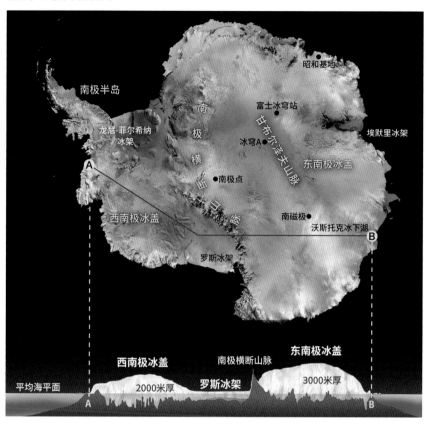

南极冰盖。

南极大陆上生成冰盖后，白色的冰面将太阳光的绝大部分都反射回去，大陆得不到热量补充。另外，重力风[注2]从内陆吹向沿海岸，这股强有力的风使得冰盖表面的温度进一步降低，冰盖的范围进一步扩张。

如此发育而来的南极冰盖非常重，压迫着陆地往下沉。有研究表明，目前南极大陆基岩的大部分都位于平均海平面以下。

不断移动的南极冰盖

在东南极冰盖差不多正中央的地方，有一座海拔4093米的光滑冰穹。在它的底下，沉睡着甘布尔泽夫山脉[注3]。甘布尔泽夫山脉被认为是南极大陆上冰盖最有可能的起源地点。

与其他大陆一样，南极大陆的整体地形是由内陆中央向沿海岸逐渐降低的，在重力的作用下，南极冰盖从高处往低处、从内陆往沿海岸缓慢移动。这些移动的其中一个起点就在甘布尔泽夫山脉的顶点附近。换句话说，就是冰盖从这个点向四面八方缓慢移动。

冰盖的移动速度不快，顶点附近1年大概移动5米，若遇上斜面，则1年能移动100米。越

◻ 南极大陆上冰的移动

南极冰盖内部不断缓慢移动，到达海岸后分裂解体，成为漂浮在海面上的冰山。与此同时，新一轮的积雪开始形成，因此南极大陆上的整体冰量基本不会改变。

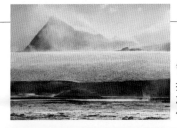

钻石尘（冰针）

指大气中的水蒸气直接凝华成很小的冰晶落下来的天气现象。一般发生在气温低于零下10摄氏度的时候。

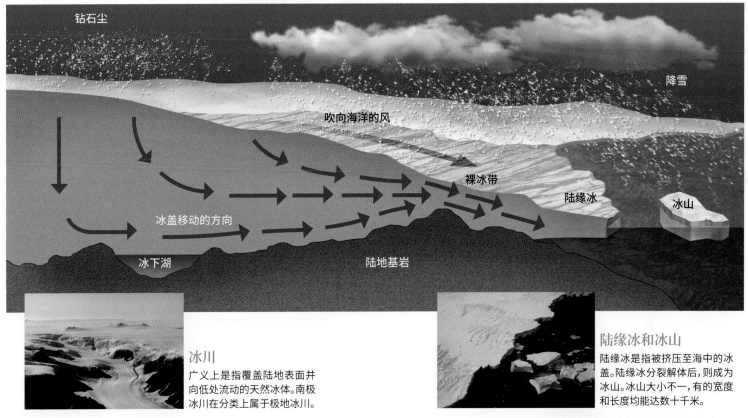

钻石尘

降雪

吹向海洋的风

裸冰带

陆缘冰

冰山

冰盖移动的方向

冰下湖

陆地基岩

冰川

广义上是指覆盖陆地表面并向低处流动的天然冰体。南极冰川在分类上属于极地冰川。

陆缘冰和冰山

陆缘冰是指被挤压至海中的冰盖。陆缘冰分裂解体后，则成为冰山。冰山大小不一，有的宽度和长度均能达数十千米。

接近海岸线，移动的速度越快，有时1年甚至能移动数千米。

冰盖移动受地形的影响，呈现出各种各样的形态。在断崖等地，它会变身为冰瀑；在移动速度快的情况下，它会直接成为冰川，一边不断吸引容纳周围的冰，一边朝着海岸线奔去。最后，冰川被推挤至海洋上，成为陆缘冰。

陆缘冰被继续挤压，分裂解体，成为巨大的冰山，漂浮在海面上，最终溶解在海水中，蒸发成为水蒸气。然后，这些水蒸气又再次成为冰晶，以钻石尘的形式落回南极大陆上积聚起来。

像这样，落在南极大陆内陆地区的雪想要到达海岸边，需要经历数千年到数万年的时间。覆盖在南极大陆上的冰盖，是冰雪日积月累后带给地球的作品。

科学笔记

【冰晶】第74页 注1

指大气中生成的微小的冰的结晶，大小在100微米以下。通常意义上的雪是水蒸气裹住冰晶后凝结、增大再落下来的。

【重力风】第74页 注2

受地表低温影响，空气密度增加变重，从冰盖斜面上吹下来形成重力风。重力风的英文是katabatic wind，词源为希腊语katabatikos，表示"下坡"的意思。

【甘布尔泽夫山脉】第74页 注3

位于东南极中部的山脉，完全掩埋在海拔4093米的圆形冰穹下3000～5000米处。甘布尔泽夫山脉与欧洲阿尔卑斯山脉的大小相当，是典型的高山峡谷地形。海拔在1000～2400米，地势险峻，全长约1200千米。

杰出人物

冲击南极点的竞赛中惜败于罗尔德·阿蒙森

南极探险家
罗伯特·斯科特
(1868—1912)

1911年，有几个国家的探险队共同发起了一场冲击南极点的竞赛，罗伯特·斯科特是英国探险队的队长。他的强劲对手是带领挪威探险队的罗尔德·阿蒙森，最后阿蒙森取得了成功。在返回基地的途中，斯科特一队遭遇猛烈的暴风雪，最后团队3人均死在了帐篷里。后来，人们发现了他们的日记，还有阿蒙森团队为防止自己在途中遇难交给斯科特的"首个到达南极点证明书"。这张证明书是斯科特团队败北的证明，但是他们一直带在身上，可见其高贵品格。也因此，斯科特团队虽然没有第一个抵达南极点，名声反而变大了。

随手词典

【约500万年前地球一度又变得很温暖】

由于约500万年前地球再次变暖，英国变成亚热带气候，冰岛变成温带气候。研究报告称，当时南极冰盖的一部分已经消融，而受此影响，地球的海平面上升了大约20米。

【南极冰盖消融】

比较冰盖溶于海水中的量和大陆上新降积雪的量，可以发现2008年西南极冰盖上的冰层有所消退。2009年的研究则表明，一直以来被认为稳定的东南极冰盖也有消退的倾向。

到达南极最大冰下湖的湖面！

我们知道，南极大陆的冰盖下有150多个冰下湖。其中最大的冰下湖，是位于东南极冰盖南磁极附近地底下的沃斯托克湖，面积是日本琵琶湖的20多倍。2012年，俄罗斯探险队钻井3769米，终于探到冰下湖的湖面。与外界隔绝了约1500万年的冰下湖，主要生活着各种细菌，预计存在3507种有机体的DNA。

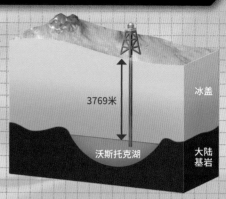

冰盖

3769米

沃斯托克湖　　大陆基岩

沃斯托克湖钻井调研示意图。根据调查，有望展开针对冰盖下生物多样性的相关研究

3. 1500万年前—1000万年前（新近纪中新世）

中新世早期约1700万年前—1500万年前，是整个新近纪最温暖的时期。在此之后，地球又再次回归寒冷的怀抱。南极大陆达到了史上最冷的状态，南极冰盖随之不断发育并到处扩张。可以推测，这个时候南极大陆恐怕整个都被冰盖覆盖住了。

研究认为，这个时期陆缘冰也已经形成

5. 现在（第四纪全新世）

现在的南极大陆。冬季海水结冰成为海冰，在南极大陆周围发育。相关研究表明，受地球温室效应的影响，南极冰盖消融的速度逐渐加快了。

南极横断山脉

● 南极点

冬季，南极大陆周围海冰蔓延

南极横断山脉

4. 500万年前（新近纪上新世）

约500万年前地球一度又变得很温暖，南极大陆上的冰盖大概也消退过一段时期。在那之后，地球经历了寒冷和温暖的反复期，并逐渐变冷。南极冰盖也随之经历了扩张、消退再扩张的拉锯战，并逐渐演变成今天的面貌。

南极点

南极冰盖的形成

现在的
南极半岛

1. 5000万年前—4000万年前
（古近纪始新世）

地球被相对温暖的气候所支配，海水也是温暖的，南极上还没有冰。约4100万年前分裂的南极大陆和南美大陆，此时它们底下的海岭部分基本相连。而在南极大陆和澳大利亚大陆之间，塔斯曼海峡终于慢慢打开。

原理揭秘

南极冰盖历经大约3000万年的形成过程

被认为是南极冰盖发端处的甘布尔泽夫山脉附近

2. 约3400万年前—3000万年前
（古近纪渐新世）

约3400万年前，南极大陆被彻底孤立，围绕大陆的寒流南极绕极流正式形成。因为寒流，从赤道来的温暖洋流被远远隔开，南极大陆开始迅速变冷。恐怕南极冰盖就是在这个时候从海拔高的山岳地带开始形成，并逐渐在南极大陆上扩张开来的。

南极点

开始急速变冷的南极大陆想象图。从图中我们可以看到，植物上残留着温暖气候的影子，但是山岳地带已经开始形成冰盖

南极大陆是怎样变成现在这个"冰之大陆"的呢？研究认为，南极冰盖是在大约3400万年前，即南极大陆被孤立、气温不断降低后才开始发育的。不过，这并不意味着南极冰盖一直处于扩张状态。温暖与寒冷交替造访南极大陆，与之相对应，冰盖也不断重复着消退与扩张的过程。而在这场拉锯战中，最终是扩张占据上风，南极冰盖逐渐覆盖了整个南极大陆。现在就让我们来看一下这个过程吧。

首次完全被冰盖覆盖的南极大陆想象图。有研究认为，在冰盖的重压下，南极大陆基岩在这时大幅度地下沉

日本海诞生

富饶多彩的『丰饶之海』日本海诞生了

日本海介于亚洲大陆同日本列岛之间。自古以来，它为日本人的生产和生活保驾护航，是日本与他国进行文化交流的桥梁枢纽。它形成于约 1500 万年前，是地球史上的大事件——大陆漂移的产物之一。

日本海以前只是亚洲大陆和日本列岛之间的一个"湖"呢！

日本海是亚洲大陆上的一道裂缝

地球从诞生伊始，在"看不见的内力"作用下，自然环境发生着各种各样的变化。板块运动与大陆漂移就是其中之一。随着大陆板块的移动，海洋也不断重复着诞生、消失的过程。比如远古时期的巨神海和特提斯海都已经彻底消失，而大西洋至今依旧存在。然后在约 1500 万年前，又一个海洋诞生了，那就是日本海。

日本海介于亚洲大陆同日本列岛之间，表面积大约是日本国土总面积的 2.7 倍。作为海来说它算不上大，但是其中生活着约 800 种海洋生物，可以说是一片物产丰饶的海域。

关于日本海的形成过程，为了便于理解，我们可以先想象一张"饼"。将饼放在架子上烤，它受热后不断膨胀，最后表面出现了裂缝。这张饼就是亚洲大陆，这道裂缝就是日本海，裂缝产生的根源就是从地幔深处涌上来的岩浆。至于其中更多的细节，还是先来看一下它的结构吧。

日本海和日本列岛

日本海四面被陆地包围，出入口只有对马海峡、关门海峡、津轻海峡、宗谷海峡、鞑靼海峡（间宫海峡）这5处。有研究表明，像胳膊一般伸展的朝鲜半岛与日本九州岛在很长时间内是连在一起的。

被日本海的巨浪拍击的福井县东寻坊

福井县的东寻坊被指定为日本国内名胜及国家天然纪念物。在这里，人们可以看见日本海的滔天巨浪不断拍击岩石的壮美景观，生动地阐释了何为动人心魄。此外，东寻坊中还分布着大面积的柱状节理。

现在我们知道！

日本海在热地幔柱力量的作用下急速扩张

将日本列岛的地图上下颠倒，可以发现亚洲大陆和弓形的日本列岛包裹着近似菱形的日本海，构成一个环。也就是说，日本列岛是包围日本海的"环"的一部分，正是日本海的存在决定了日本列岛所在的位置。日本海对于日本列岛来说有着重要的意义，那么这片海域是怎么形成的呢？

"左右对开"的日本列岛岛弧

约 2000 万年前（新近纪中新世早期），日本列岛还是亚洲大陆的一部分。那时，亚洲大陆东部的边缘发生了激烈的构造变动，出现了一个被称为"地沟带"的塌陷地带。后来，这个塌陷地带上出现了以玄武岩为基石的海洋板块[注1]，越来越多的水积聚在这里，变成了湖。这个淡水湖就是日本海的原型。在那之后，地沟带进一步扩张，日本海的面积也随之不断变大。到了中新世中期，也就是约 1500 万年前，它演变成了和今天的日本海基本一致的形态。

那么，在 2000 万年前—1500 万年前这 500 万年的时光里，日本海是怎样扩张的呢？近年来，有专家团队展开调查，利用岩石标本测定古地磁场的方向，探明了当时发生的情况。

根据这项调查，我们可以知道，日本列岛在与亚洲大陆分裂后不断南移，分成了东北日本和西南日本两部分。这两部分朝不同的方向运动，其中东北日本绕垂直轴逆时针旋转了 25 度，西南日本顺时针旋转了 45 度，它们就像左右对开的两扇门，直接导致日本列岛最后弯曲成一个"＞"形。

根据相关研究，人们基本可以确认，日本列岛这种左右对开的运动模式持续了 100 万年，这从地质学角度来讲很短。而在 100 万年的时间里旋转了 45 度，也就意味着它的最东端每年要移动 60 厘米，这个速度却又可以说

"左右对开"真是很有日本特色的大陆移动方式呢！

杰出人物

物理学家、散文家
寺田寅彦
（1878—1935）

左手"科学"，右手"文学"

寺田寅彦是世界上第一个发表论文阐述日本列岛是如何从亚洲大陆分裂出来，并逐渐移动到今天这个位置的人。他既是一名物理学家，同时也是一名散文家。

寺田寅彦发现与太平洋一侧相比，日本海一侧的岛屿更多，根据这个现象，他测量了海岸线到岛屿之间的距离，找到其中的规律。另外，他还注意到壹岐岛、隐岐岛、能登半岛、佐渡岛、男鹿半岛、奥尻岛、利尻岛等地的地质状态十分相似，发表假说认为这些是日本列岛在移动过程中分裂掉下的大陆碎片。目前有相关研究已经证明这个假说是正确的。

日本海的形成过程

在亚洲大陆东部边缘，地底的热地幔柱上升顶起地壳导致地沟带形成，大量的水积聚在地沟带中，最后形成了日本海。这是目前被认为最有可能的观点。我们都知道日本海海底板块的基岩是玄武岩，它说明了某种地壳运动会导致新的玄武岩质地壳——海洋地壳的形成。现在，学界基本认为这种地壳运动就是地幔下的上升流，即热地幔柱。

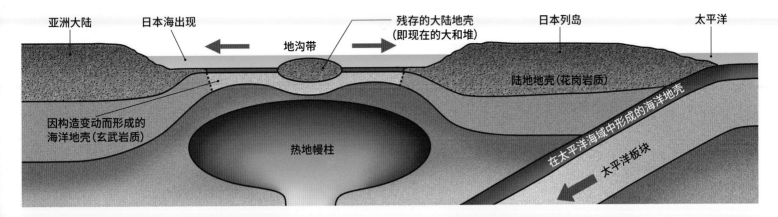

亚洲大陆　日本海出现　地沟带　残存的大陆地壳（即现在的大和堆）　日本列岛　太平洋

陆地地壳（花岗岩质）

因构造变动而形成的海洋地壳（玄武岩质）

热地幔柱

在太平洋海域中形成的海洋地壳　太平洋板块

日本海的扩张和日本列岛的移动

日本列岛脱离亚洲大陆后，随着日本海的扩张，分成南北两个岛，最后在大地沟带处合为一体。

约2000万年前

日本海开始扩张，日本分裂成好几个岛。

约1800万年前—1700万年前

日本海如扇子打开一样慢慢扩张，日本列岛在现在的大地沟带处开始合体。

约1500万年前之后

日本列岛演变成一个">"形，受伊豆—小笠原弧碰撞影响，向日本海方向挺进。

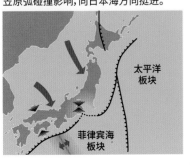

秋田县男鹿半岛

在男鹿半岛的入道崎可以看到日本列岛还是亚洲大陆一部分时的岩石。

兵库县香美町

在亚洲大陆和日本列岛之间形成淡水湖时湖水流动后留下的痕迹化石。

是非常之快。

　　约从2000万年前开始的地壳运动导致日本列岛从亚洲大陆分裂开来，之后，也就是约1600万年前，它开始一边快速地"左右对开"，一边不断南移。是什么力量促使这一变化发生呢？那股庞大的力量本身究竟是什么呢？

仅用板块运动无法解释日本海的扩张

　　众所周知，日本列岛附近的板块构成异常复杂。北美洲板块、亚欧板块、俯冲在这两个板块下的太平洋板块以及菲律宾海板块共同挤在太平洋海域的日本海沟里。

　　以往的研究认为是复杂的板块运动导致了日本海的扩张。不过今天的研究认为这种可能性很低。为什么这么说呢？因为这些挤在日本海沟的板块，靠近日本海一侧的"太深了"。一般而言，俯冲板块在地下110千米和170千米附近最容易产生岩浆。这些地方附近的岩浆上升，生成火山群，也就是东北地区连绵的火山前线[注2]。

　　复杂的板块运动与日本列岛的岛弧形成、日本列岛上的火山活动之间有着密切的联系，这一点是毋庸置疑的。但是，日本海的扩张仅用板块运动无法解释明白。

　　目前最有力的观点是，从地幔深处涌上来的热地幔柱导致了日本海的扩张。

　　热地幔柱将地壳顶起来，使之形成裂缝。裂缝进一步扩张，成为地沟带，然后岩浆从地沟带中喷涌而出，形成火山。可以想象，在那之后的数百万年时间里，日本海的海底深处一定是火山频发。现在日本东北部的大地沟带[注3]、日本海的边缘等地，还广泛分布着绿色凝灰岩，无声地述说着当时火山活动的激烈程度。

化石和地层讲述着日本列岛与陆地接壤时的历史

　　日本列岛的"左右对开"发生前，其西南部勉强与亚洲大陆连在一起。及至约2000万年前—1700万年前，它逐渐开始岛屿化，温暖的日本暖流（又叫黑潮）进入日本海。

日本海诞生

北海道奥尻町
维卡利亚海螺
| *Vicarya* sp. |

维卡利亚海螺是生活在始新世到中新世的大型螺类，喜欢生活在热带沿岸的水陆交界处。其化石在日本各地都有发现，能够帮助我们了解日本以前的环境。

兵库县香美町
足迹化石

在香美町发现的大型哺乳类、爬行类、鸟类的足迹化石超过300个。这些足迹化石是2000万年前—1700万年前（当时日本列岛还未诞生）动物在河川、湖沼等湿润地带留下的脚印被泥土覆盖后形成的化石。

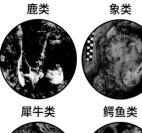

鹿类　　象类

犀牛类　鳄鱼类

岐阜县可儿市
水杉
| *Metasequoia glyptostroboides* |

杉科钉叶树。其化石在日本各地的新生代新近纪和古近纪地层中都有发现。水杉在北半球分布广泛，研究认为约90万年前—70万年前的日本也长有野生水杉。

◻ 还原大陆来龙去脉的化石群

人们在日本海沿岸发现了一些化石，证明鳄鱼、犀牛、象等曾经在日本列岛上生活过。特别是在兵库县香美町，发现了数量庞大的动物化石群。

石川县珠洲市
瑙曼尼香蕨木 | *Comptonia naumanni* |

瑙曼尼香蕨木是一种亚热带植物，属于杨梅科中已经灭绝的种类，生长在新生代新近纪和古近纪时期。该化石是指示温暖环境的典型指相化石，也是中新世中期的标准化石，它表明了日本曾经非常温暖。

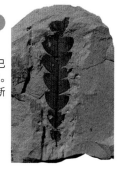

岐阜县瑞浪市
古索齿兽（复原图）
| *Desmostylus* sp. |

古索齿兽是于1300万年前灭绝的大型哺乳类，其头骨化石首次在瑞浪市被发现。有说法认为它是半生活在海岸半生活在水中的动物，也有说法认为它是完全生活在海洋中的哺乳动物。

再看陆地上，温暖的地方植物繁茂，潮湿的地方长出红树林，是众多动植物的天堂。这里生活着象类、犀牛类、野猪类等大型哺乳动物以及鳄鱼等爬行动物。

后来，这些大型哺乳类和爬行类、鸟类从亚洲大陆迁徙到与之接壤的日本列岛上。如今在日本各地，还能找到大量当时这些动物留下的足迹化石。

另外，在男鹿半岛等地，可以看到日本列岛还是亚洲大陆的一部分时的岩石，以及日本海诞生前的露头，除此之外，还能观察到日本列岛移动到现在的位置、1500万年前日本海诞生时的地层结构。这些地层和化石的存在，有着超越时间、连通古今的重要价值，是解开日本海和日本列岛诞生之谜的珍贵钥匙。

科学笔记

【海洋板块】 第80页 注1
由玄武岩质海底火山喷出物构成。一般的海洋板块由大洋海底处的中央海岭形成，而日本海海底已探明只存在小规模的海岭。它的海洋板块到底是怎样发展形成的，详细过程依旧未知。

【火山前线】 第81页 注2
在日本东北部，从恐山经过十和田、榛名山到浅间山，这一片区域火山连绵，而这条线靠近太平洋的一侧却没有火山。研究认为，俯冲的太平洋板块地下110千米和170千米附近有岩浆，才会形成这样的火山带。

【大地沟带】 第81页 注3
"大地沟带"一词来自拉丁语 Fossa magna，意思是"很大的沟"。日本列岛脱离亚洲大陆之后，又断裂分成西南日本和东北日本两个部分，大地沟带就是在此时形成的。它位于现在的系鱼川—静冈构造线、新发田—小出构造线、柏崎—千叶构造线之间。

文明与地球
地图中的日本海
给日本海命名的是个外国人

1602年，意大利耶稣会的传教士利玛窦在中国传教时绘制了世界地图《坤舆万国全图》，并在北京出版发行。这张地图上，中国居于版面的中心位置，各大洲、国家的名字都用汉字标明。其中亚洲大陆和日本列岛围起来的海域上标注着"日本海"3个字。这是史上第一份记载了"日本海"的地图。

对于闭关锁国时期的日本来说，标注了汉字的世界地图是了解海外的珍贵资料

日本海的诞生和日本列岛的南移

德国气象学家阿尔弗雷德·魏格纳提出的"大陆漂移说"简直太有智慧了，可惜在当时并不被人认可。数年之后日本物理学家寺田寅彦提出，日本海是因为大陆漂移才形成的。那时板块运动的相关研究还没有，学界普遍认为日本海是因陆地沉没而形成的。日本列岛位于亚洲大陆的边缘，在 2000 万年前产生地沟带，不断移动，最后到达现在这个位置。在那之后，日本海诞生了，时间大约是在 1500 万年前。随着日本海的形成，日本列岛分裂成东北日本和西南日本两个部分，其中东北日本逆时针旋转、西南日本顺时针旋转着往南移动。日本列岛刚好以中间部位为轴心，弯曲成">"形。

"大地沟带"进入学界视野

中新世时期，日本海是与南太平洋、菲律宾海连在一起的。德国地质学家埃德蒙·瑙曼提出的"大地沟带"正好嵌在

■埃德蒙·瑙曼想象的大地沟带模型图

针对日本列岛上地沟带、大地沟带的调查研究，为探明日本海的形成提供了很多参考性的意见。

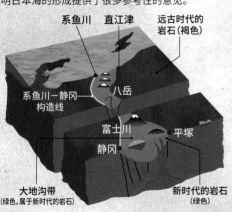

系鱼川　直江津　远古时代的岩石（褐色）

系鱼川－静冈构造线　八岳

富士川　平塚

静冈

大地沟带（绿色，属于新时代的岩石）　新时代的岩石（绿色）

■日本海的扩张和日本列岛的南移

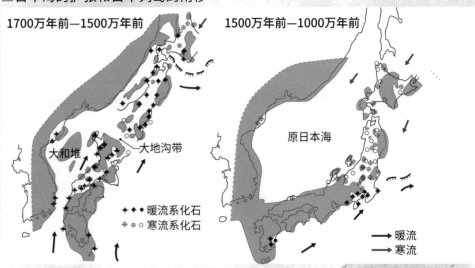

1700万年前—1500万年前　　　1500万年前—1000万年前

大和堆　　　大地沟带

★◆●暖流系化石
⊕⊕○寒流系化石

原日本海

⟶暖流
⟶寒流

日本暖流（黑潮）从太平洋进入日本海。人们在日本海一侧发现了许多生活于温暖海域的贝类等生物的化石。粉色部分被认为是当时的陆地。

日本本州的中心地带。从其附近的岐阜县瑞浪市，人们还发掘出了生活在温暖海域的贝类、大型哺乳动物古索齿兽的化石。根据这些化石，我们可以判断出日本暖流曾从现在的大地沟带附近流过。

明治初期，年轻的埃德蒙·瑙曼从德国来到日本，对日本列岛的地质结构展开调研，并在 1885 年出版了著作《日本列岛的构造和生成》。他跨越碓冰峠，从现在的日本铁路小海线野边山车站附近的山腰，眺望耸立在西边的日本南阿尔卑斯山，注意到了日本列岛中央部位的那个巨大洼地，即大地沟带。他针对大地沟带进行了诸多研究，发现大地沟带以诹访湖为界分为南北两个部分，而两边的起源似乎并不相同。

伊豆－小笠原弧的碰撞

当日本海停止扩张后，四国海盆地在东西方向上的扩张也停止了。此后，南部的伊豆－小笠原弧浮在菲律宾海板块上，开始向北移动，与诹访湖以南的南部大地沟带发生碰撞。这直接导致了中央构造线向南分布，沿线的西南日本带状结构的秩父带、三波川带以及南部的四万十带等地区形成的增生附加体，全部因为北移的伊豆－小笠原弧弯曲成"八"字形。

日本列岛的中央部位弯曲成">"形、"八"字形，这些全都与日本海的形成有关，且都发生在 1500 万年前。继埃德蒙·瑙曼之后又有许多科学家针对日本海的形成提出各种假说，可惜到目前为止地质学研究领域依旧没有给出明确的答案。

藤冈换太郎，从东京大学理学部研究生院研究科的地质学博士课程退学后，在当时的东京大学海洋研究所做助研，并担任海洋科学技术中心深海研究部研究主任等职务。他经常作为首席研究员，乘坐日本、美国、法国等国的科考船出海考察。

随手词典

日本海盆

顾名思义，海盆指的是海底盆地地形。日本海盆面积达30万平方千米，占了日本海整个北半部分。它是日本海3个海盆中最大的，也是日本周边陆缘海中最深的区域。

博戈罗夫海岭

耸立在日本盆地北部的海岭，南北长约90千米，东西宽约36千米，是一座巨大的海底山脉。山顶离海面约1330千米。名字源自一位俄罗斯海洋学家。

符拉迪沃斯托克

日本海盆

大和海岭

大和海岭基本贯穿日本海的海底中部，是没能成为日本列岛的亚洲大陆的一部分，由东南部的大和堆与西北部的北大和堆两座山脉连在一起组成。两座山脉都宽数十千米，长约200千米，西南-东北走向，整体比较狭长。大和海岭是冷水区和暖流区的分界线，洋流构成复杂，因此浮游生物丰富，成为优质的渔场。

北大和堆

大和

大和

对马海盆

位于日本海西南部，分布在水深1500～2500米处，隔开大和海岭与朝鲜半岛。对马海盆中央分布着一列海底山脉。

对马海盆

西水道

东水道

关门海峡

对马海峡

对马海峡

位于日本九州与朝鲜半岛之间的海峡，最窄处约50千米，最大水深为200米，连接日本海和中国东海。以海峡上的对马岛为界，分为东水道和西水道。

大和海盆

大和海盆与日本海盆相似，是个深海大平原，横卧在日本本州与大和海岭之间。与日本海盆相比，这里的地形更复杂，平均水深约为2500米。

地球进行时！

日本海带来的天然资源

日本列岛的天然资源贫瘠，但是从秋田县到新潟县的日本海沿岸分布着绿色凝灰岩地层。该地层中储藏着石油、天然气以及含有锌、铜、铅等物质的黑矿。此外，还发现了近年来广受瞩目的甲烷水合物，其总储量（包括日本近海区域）约等于日本96年的天然气消费总量，已探明可能的储藏点达200多处。

日本秋田县男鹿半岛南端馆山崎的绿色凝灰岩。男鹿半岛被认为是绿色凝灰岩的模式地点

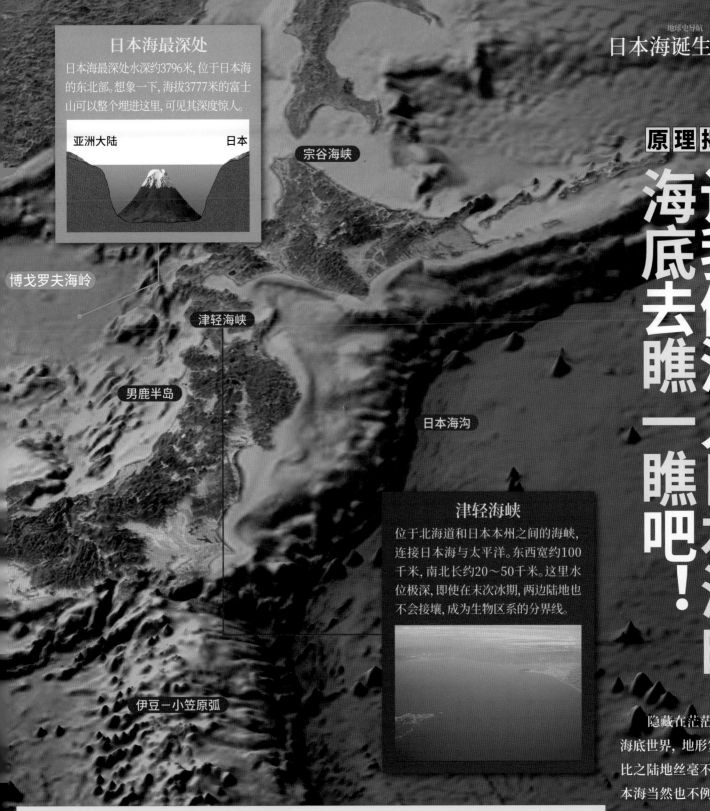

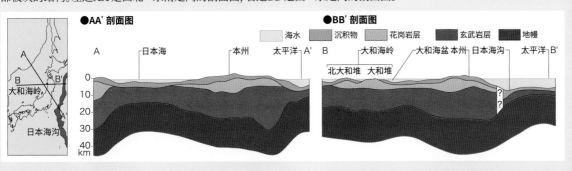

原理揭秘

让我们潜入日本海的海底去瞧一瞧吧！

日本海最深处

日本海最深处水深约3796米，位于日本海的东北部。想象一下，海拔3777米的富士山可以整个埋进这里，可见其深度惊人。

亚洲大陆　　日本

博戈罗夫海岭

宗谷海峡

津轻海峡

男鹿半岛

日本海沟

津轻海峡

位于北海道和日本本州之间的海峡，连接日本海与太平洋。东西宽约100千米，南北长约20～50千米。这里水位极深，即使在末次冰期，两边陆地也不会接壤，成为生物区系的分界线。

伊豆—小笠原弧

隐藏在茫茫大海下的海底世界，地形复杂多变，比之陆地丝毫不逊色。日本海当然也不例外。一般来说，我们是不可能一睹海底真容的，此处是从"如果日本海的海水全部消失了，会看到什么？"这个观点出发做的示意图。在广阔无际的日本海海底上，遍布着看不见的地球活动留下的"足迹"——那是解开日本海和日本列岛诞生之谜的关键。

日本海与日本列岛的板块剖面图

下图是位于东北日本部分的日本海及日本列岛剖面图。通过人工地震反射波的解析，可以逐渐探明深达10～30千米的深部板块的结构。左边AA'是西北—东南走向的剖面图，右边BB'是西—东走向的剖面图。

海水　沉积物　花岗岩层　玄武岩层　地幔

●AA'剖面图

A　日本海　本州　太平洋　A'

●BB'剖面图

B　大和海岭　大和海盆　本州　日本海沟　太平洋　B'

北大和堆　大和堆

大和海岭

日本海沟

墨西拿盐度危机

孕育古代文明的地中海竟然干涸了

照耀湛蓝海面的缕缕阳光，吹拂灿烂笑颜的清爽凉风……这里就是举世闻名的度假胜地——地中海。然而正是这片丰饶之海，竟然一度干涸了。这到底是怎么回事？当时发生了什么？它也是孕育欧洲文明的摇篮。

地中海也有过"干燥"的困扰呢！

持续 64 万年的沙漠世界

地中海的北边和东边是亚欧大陆，南边是非洲大陆，它被包围在中间，孕育了古埃及文明、古希腊文明以及古罗马文明。可以说，它是欧洲文明的发祥地。说到地中海，我们还会想到尼斯、戛纳等法国南部风光明媚的蓝色海岸。

如果有人跟你说，这片美丽的海域曾经一度干涸[注1]，变成了沙漠，你可能不会相信。

然而，这是事实。这一事件发生在新近纪中新世末，大约 597 万年前。当时非洲大陆北移，与欧洲大陆接壤，直布罗陀海峡彻底闭合。直布罗陀海峡是地中海与大西洋的唯一通道，自从它闭合后，在长达 64 万年的时间里，再也没有海水流入地中海。

幸好后来地中海还是恢复了原貌。不过，我们是如何知道它曾经一度干涸了的呢？解开这个大事件之谜的关键，就是西西里岛、塞浦路斯岛和西班牙南部古已有之的蒸发岩。从这些蒸发岩上，我们追溯出地中海曾经的过往——"墨西拿盐度危机"。"墨西拿"[注2]是指这一事件发生在墨西拿期这个地质时期，而墨西拿期的命名又源自意大利西西里岛的墨西拿城市。现在，让我们仔细回顾整个事件发生的经过吧。

風光明媚的碧海蓝天
蓝色海岸的迷人风光

蓝色海岸位于法国南部地中海沿岸一带，它不仅是法国的骄傲，也是举世闻名的度假胜地。正是湛蓝的海洋，才成就了蓝色海岸的迷人风光。面对着这优美的风景，真是难以想象它曾经是一片沙漠。

墨西拿盐度危机

直至约600万年前

直布罗陀海峡靠近安达卢西亚一侧和摩洛哥一侧，分别有一个海水出入口。

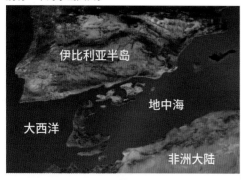

597万年前—560万年前

中间是西西里海峡，以此为分界线，海水从沿海岸开始蒸发。

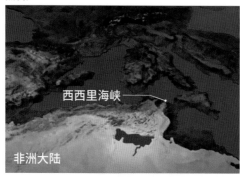

地中海是怎么干涸的？

西西里海峡位于西西里岛和非洲突尼斯之间，它将地中海分为东西两个部分。其中东地中海整体比西地中海深，最大水深达5121米。有研究认为，地中海是从两边的沿海岸开始干涸的。但是，以前西西里南部是深海盆地，如左侧所示的古地理图不能作为定论。

今天的地中海。从这张照片中，我们可以看出左下方的直布罗陀海峡真的非常狭窄

597万年前

直布罗陀海峡在约597万年前闭合。下图右下方是非洲大陆。

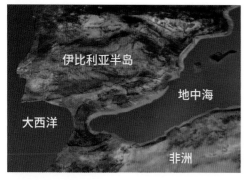

560万年前

海水大量蒸发。地表上出现了岩盐，沿海区域逐渐变成盐之沙漠。

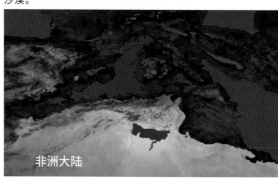

现在我们知道！

地中海唯一的『生命线』被切断

地中海沿岸的蒸发岩古已有之。蒸发岩，顾名思义，就是海水蒸发后形成的矿物盐沉积物。然而，它直到20世纪50年代才被人们注意到。通过对这些岩石的调查研究，我们终于了解到地中海到底是在什么时候干涸的。

西西里岛上发现的象类化石
欧洲矮象 | *Elephas falconeri* |

地中海的干涸对于原本栖息于此的生物来说，是一次毁灭性的打击。而另一方面，与陆地接壤后，许多新的物种又从非洲大陆迁徙而来。欧洲矮象就是其中的一种。它和羊差不多大小，只有一只眼睛，是希腊神话中独眼巨人的原型。

幽幽碧海变成"盐之沙漠"

作为地中海唯一的海水出入口，直布罗陀海峡实在过于狭窄了。宽的地方大约45千米，最窄处只有14千米。而且此处还发生过地壳运动，山峰隆起，峡谷生成。这也意味着，地中海曾经的海水出入口应该与现在的出入口不在同一个地方。

连接大西洋和地中海的海峡为什么会闭合呢？有人说是地球板块运动的影响，也有人说是海水水位下降的缘故，至今没有明确的、统一的结论。但是不管怎么说，地中海属于干燥型气候，这一点是毫无疑问的。它的海水蒸发量本来就很大，海水盐度很高，再加上唯一的海水进出口闭合后，与大西洋完全隔绝开来，没有新的海水涌入，虽然有降雨和尼罗河水流入，依旧赶不上水分蒸发的速度，使得盐分浓度进一步升高。于是，地中海在560万年前基本干涸，迎来了属于它的"盐之沙漠"时代。

"盐之沙漠"被大洪水滋润

海水蒸发直接导致蒸发岩的形成。1905年后，考察团在东地中海的海底发现了厚度超过3000米的蒸发岩。有一种说法认为，墨西拿盐度危机时期沉积形成的蒸发岩有20亿～40亿吨。换言之，有地中海现有海水总储量20倍的海水在那时候蒸发了，恐怕连所有降雨以及河川注入的水都没能躲过蒸发的命运。这可真是前所未有的"蒸

意大利亚西西里岛上带褶皱的岩盐层壁

西西里岛地下 500 米的岩盐矿山里，有矿工们专门祈祷用的教会。教会的岩壁上分布着纵向的褶皱，这说明此处沉积的岩盐层曾长时间暴露在太阳光下。

蒸发岩的形成方式

蒸发岩是海水、湖水蒸发后形成的沉积岩的总称，是盐分浓缩后的产物。现在的海水蒸发后，会按照碳酸钙、硫酸钙、氯化钠（主要成分，约占80%）、氯化钙、硫酸镁的顺序先后沉淀。下图就是西西里岛上岩盐层形成的示意图。

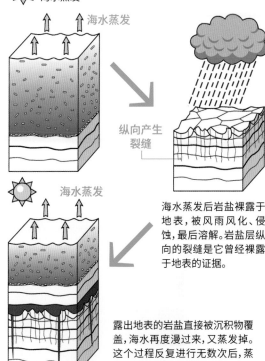

太阳光照射，海水蒸发

海水蒸发

纵向产生裂缝

海水蒸发

海水蒸发后岩盐裸露于地表，被风雨风化、侵蚀，最后溶解。岩盐层纵向的裂缝是它曾经裸露于地表的证据。

露出地表的岩盐直接被沉积物覆盖，海水再度漫过来，又蒸发掉。这个过程反复进行无数次后，蒸发岩越变越厚，沉积下来。

发事件"。

这一事件造成的影响不仅限于地中海。蒸发岩中含有石膏、硬石膏、岩盐等物质，其中又以岩盐最多，占了约 80%。也就是说，沉淀在地中海海底的盐分占了全球海水盐分总量的 6% 左右，换算一下，就是全球海水的平均盐度因为这一事件降低了约 0.2%。

海水盐度降低，会导致海水结冰时的温度相应上升，并导致南极冰盖进一步扩张，南极大陆进一步变冷，最后全球的海平面下降。

幸而，地中海只封闭了大约 64 万年。在约 533 万年前，大西洋的海水突然回灌地中海，它又重新恢复"幽幽碧海"的美丽景观。这场海水回灌被称为"赞克勒期大洪水"[注3]。大洪水为何会发生呢？我们至今还未找到原因。

格洛玛·挑战者号证明了地中海的干涸历史

格洛玛·挑战者号钻探船是 1968—1983 年参加"深海钻探计划"的美国科学考察船，其性能远远超过之前钻探船的水平，可以钻至水深约 7000 米处。这艘钻探船验证了海底扩张说，并有许多新的重大发现。它在地中海海底不同地点和不同深度发现了沉积层中有大量的蒸发岩。若没有它，墨西拿盐度危机学说就无法被证实。

全长约 122 米。船上装备了高达 21 米的钻井塔

科技发现

科学笔记

【干涸】 第86页注1

关于地中海在 64 万年的时间里是否一直保持干涸状态，这个问题至今没有定论。有学说认为，当时地中海有时干涸，有时有水分从外海注入，形成盐度高规模小的海，这2种状态不断交替出现。

【墨西拿】 第86页注2

墨西拿是地质年代"期"的名称，处于新生代中新世末期，指725万年前—533万年前。

【赞克勒期大洪水】 第89页注3

赞克勒期（533万年前—360万年前）是墨西拿期之后、上新世刚开始的一个期。533万年前地球进入赞克勒期，突然有大量海水涌入地中海，因此这个事件被称作"赞克勒期大洪水"。2009年，西班牙学者加西亚·卡斯特利亚诺斯在《自然》杂志上发表论文称，综合几个假说测算可得，当时从直布罗陀海峡涌入的水量相当于亚马孙河水量的1000倍。也有说法认为，想要灌满地中海需要十几个月的时间。

地球博物志

极地深海中的生物

| *Creatures in the Polar Ocean* |

它们的居住环境是地球上最严酷的

北冰洋和南大洋的海水表面温度在零下2摄氏度左右，非常寒冷。在这里生活的生物种类不多，但是数量非常庞大，在世界范围内也是数一数二的，而且很多生物只有这里才有，别的地方不存在。这里可以说是地球上环境最残酷的"生命乐园"。现在让我们来看一看这些居民的真实面貌吧。

北极和南极的区别

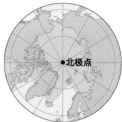

北极

北极点周围没有陆地，只有冰和水。北极点的年平均气温为零下18摄氏度，整体比南极暖和。

●北极点

南极

●南极点

大陆基岩上覆盖着巨大的冰盖。南极点的年平均气温为零下50摄氏度。南极大陆周边是广阔的海冰，冬天海冰厚度可达4～5米。

【南极磷虾】

| *Euphausia superba* |

南极磷虾可以说是南极数量最大的资源宝库，有学者认为这里的磷虾多达10亿吨

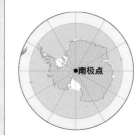

南极磷虾是一种形似虾的浮游动物，属于磷虾类，是南极上数量最多的生物。它们以喜欢群居闻名，有时候1立方米的空间内能聚集3万只磷虾。它们是鲸鱼、海豹等的主要食物，也是掌握南大洋生态体系钥匙的生物。眼部有发光器官，逃命时能将身躯隐匿于海水波光中，或者直接蜕去虾壳。

数据

分类	节肢动物门磷虾目
全长	6厘米
分布区域	南大洋

文明与地球　健康食品

以南极磷虾为原料的保健品

全球每年南极磷虾的捕获量为10万吨，这是一个非常庞大的数字。这些捕获回来的磷虾大部分被用作渔场饲料或钓鱼用的鱼饵，

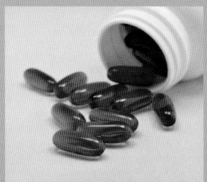

很少被加工制成食品。然而近年来人们发现南极磷虾身体中的红色素，即虾青素，具有抗氧化作用，于是开始提取相关物质制成保健品。

鲑鱼与南极磷虾一样含有虾青素，左图是利用鲑鱼油制成的保健品

【巨型南极深海大虱】

| *Glyptonotus antarcticus* |

南极被海水盐度、温度都会急剧变化的"南极辐合带"水域和3000多米深的深海水域包围，这里的生物为了适应残酷的环境，寻找到了独特的进化之路。巨型南极深海大虱长得很像海虱，靠着坚硬的躯体和有尖刺的长肢避免被鱼、章鱼等捕食，是一种节肢动物。其分布范围较广，从水面附近到中深层（水深200～1000米）的海底都能见到它们的身影，通过发达的颚部捕食蛇尾纲、螺类等生物。

数据

分类	节肢动物门软甲纲等足目
全长	12厘米
分布区域	南大洋

【一角鲸】

Monodon monoceros

一角鲸属于鲸类，长长的角是它的特色，有些甚至能达到3米长。一角鲸上颚有2枚牙齿，其中雄性的左牙发育后变成长角。关于长角的作用众说纷纭，有的认为是在海冰中凿洞，有的认为是发出音波来定位食物、同伴。近年来的研究则认为这是一角鲸突出水面来感知气压和温度变化的感觉器官。一角鲸非常善于潜水，可以潜到水深1000多米处。

潜水中的一角鲸。中世纪的欧洲常将一角鲸的长角当作传说中的独角兽的角来出售

数据	
分类	脊椎动物亚门齿鲸亚目
全长	4～4.7米(不包括角)
分布区域	北冰洋

【北极鲑鱼】

Salvelinus alpinus

北极鲑鱼是一种能够很好适应寒冷水域的鲑鱼，生活在沿海岸地区。与其他鲑类相同，它到了产卵期就会洄游到淡水河中。幼鱼吃浮游生物等，成鱼捕食小鱼、小虾、小蟹等。大的北极鲑鱼能长到1米。地域不同，生态习惯和特征也不尽相同，有一些北极鲑鱼一辈子都生活在河流、湖泊中。高海拔的阿尔卑斯山湖泊中也曾见过北极鲑鱼的踪影，因此它也叫作"阿尔卑斯鲑鱼"。

数据	
分类	脊椎动物亚门鲑鱼科
全长	40～100厘米
分布区域	北冰洋、北大西洋、北太平洋

【簇海鹦】

Lunda cirrhata

簇海鹦一年中的大半时间都生活在没有陆地的外洋中，是一种海鸟，只会在夏季飞到险峻的断崖孤岛上产卵。它很会潜水猎食，能潜到水深60米处。冬季时脸部羽毛呈灰色，也没有装饰性羽毛，到了夏季就变成白色，头上生出美丽的装饰羽毛，如右图所示。它这个样子就像化了个美美的妆，因此别名又叫"花魁鸟"。

游泳的簇海鹦。它的泳姿宛如在海水中扑扇翅膀，捕食鱼类、乌贼等为生

数据	
分类	脊椎动物亚门海雀科
全长	39厘米
分布区域	北冰洋、鄂霍茨克海

近距直击

极地海域物产丰饶的原因

南极大陆周边海域是地球上数一数二生物众多的海域，其主要原因是海底翻涌上来的营养物质使得浮游植物大量繁殖。这些浮游植物被南极磷虾食用，支撑起南极大陆海域中的生态体系。北冰洋是被欧亚大陆、北美大陆等包围形成的陆间海，周边陆地上的大小河流最终流入此处。与河水一起流入的，还有丰富的营养物质，久而久之，它就变成了物产丰饶的大洋。

美国国家航空航天局的卫星拍摄到的北冰洋中的浮游植物

【眼斑雪冰鱼】

Chionodraco rastrospinosus

世上仅有的16种冰鱼之一。眼斑雪冰鱼的血液里有一种被称为"不冻蛋白质"的特殊蛋白质，即使在冰点以下的海水中血液也不会被冻住。体表没有鳞片，扁平的脑袋上眼睛很显眼，最大特点是血液是无色透明的。它身体中没有运输氧气的血红蛋白。为什么会拥有这么独特的血液呢?这个谜题至今未解。

数据	
分类	脊椎动物亚门冰鱼科
全长	55厘米
分布区域	南大洋

生长着奇妙植物的"印度洋的加拉帕戈斯"

索科特拉群岛

位于阿拉伯海西部，隶属于也门哈德拉毛省，2008年被列入《世界遗产名录》。

索科特拉群岛位于阿拉伯半岛以南约350千米，岛上生长着各种各样的奇妙植物。这些植物别说在也门，就连周边的大陆上都见不到。索科特拉群岛在大约2000万年前从非洲大陆上分裂出来，岛上的动植物实现了独自的进化。由于这里生活着1000多种特有的动植物，因此被称为"印度洋的加拉帕戈斯"。

索科特拉群岛上的奇妙植物

天宝花

夹竹桃科天宝花属，是索科特拉群岛上独有的亚种。树高5米左右，树干中蕴含大量水分。又称"沙漠玫瑰"。

胡瓜树

属于索科特拉群岛上的特有种，是世界上唯一的胡瓜树科树种。与沙漠玫瑰一样，肥大的树干中储藏着水分。

珊瑚萝藦

萝藦科水牛掌属的一种多肉植物。生长在干燥的岩石中，开红色的小花。花和茎可食用。

乳香树

橄榄科乳香树属的一种。汁液可提取加工成香料"乳香"，自古就被作为贵重的商品进行交易。

索科特拉群岛上的离奇景观——林立的龙血树

在索科特拉群岛上 825 种野生植物中，有 37% 是其特有种。这里气候干燥，经常刮猛烈的季风，为了适应严酷的环境，很多植物都做出了改变。龙血树算是岛上的代表性植物，它能够将空气中的水分高效地收集起来，整棵树像一把打开的伞。它的汁液像血液一样赤红，因此得名"龙血树"。

93

天上会有两个"太阳"？

参宿四的超新星爆发

参宿四是在猎户座右肩位置上不断发出耀眼红光的巨大恒星。

它距离地球比较近，科学界认为它很快就会大爆发。

那么，它到底会在什么时候爆发，又会给地球带来多大的影响呢？

户座"这一名字源自希腊神话中的一名猎人俄里翁，他右肩位置上装饰着一颗闪耀着红光的1等星，那就是参宿四。它和大犬座的天狼星、小犬座的南河三组成一个等边三角形，这个等边三角形称作"冬季大三角"。从分类上来讲，参宿四属于红超巨星，距离地球约640光年。从天文学角度来讲，这个距离是很近的。它的质量约为太阳的20倍，直径约为太阳的1000倍，是一颗非常巨大的恒星。

"从参宿四上观察到了超新星爆发的征兆。它可能会在数万年后爆炸，也可能会在明天爆炸。"

这个消息在2010年前后不胫而走，一时成了很热门的话题。所谓"超新星爆发"，是指巨大的恒星迎来生命终结，发生大爆发的现象。它爆发时，夜空中会出现无数的光辉，就好像新的星星诞生了一样，因此叫作"超新星"。

次年，一名澳大利亚的物理学家又发表了煽动性言论：

"参宿四发生超新星爆发时，空中会出现明亮的球体。至少在长达两周的时间里，我们将看到有两个'太阳'同时挂在空中。在这一期间，地球将陷入永昼。"

恐慌情绪不断发酵，甚至有言论称："大爆发时期，受释放出的大量伽马射线的影响，地球上的所有生命体都会被烧死。"

实际情况到底如何呢？

参宿四内部正在发生的事情

首先让我们来看一下所谓"超新星爆发"的依据吧。

1993年，科学家通过红外空间干涉仪测量到参宿四的直径大小，然而15年后再次通过同样的装置进行测量，发现它的直径缩小了15%。通过观察可知，该恒星释放出大量的气体，表面因此像波浪涌起一般膨胀，发生变形。

而恒星为什么会发光呢？那是因为恒星的中心在进行氢核聚变反应。参宿四也

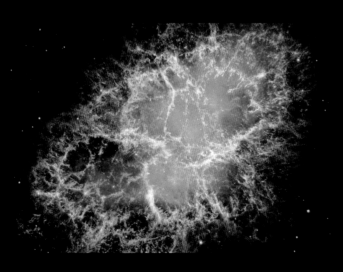

左图是哈勃空间望远镜捕捉到的金牛座超新星爆发的残骸"蟹状星云"。距离地球约7000光年，最早出现于1054年。现在仍在持续膨胀

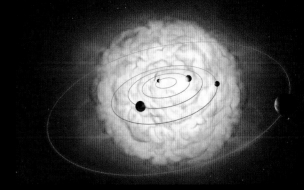

上图是参宿四与太阳系大小比较模式图。靠近画面最外侧的行星是木星。从这张图中,我们可以感受到距离640光年的参宿四到底有多大

左图是远红外线太空望远镜"赫歇尔"捕捉到的参宿四周围。从这张图可以看出,从参宿四吹出的恒星风撞击星际物质,以每秒30千米左右的速度移动,形成弧形激波。左侧宛如纵向壁垒的物质可能是星系磁场相关结构,或者是星云间的边缘

一样,在 100 万年前——也就是地球上出现直立猿人时,它正处于这种状态。当时它的质量是太阳的 20 倍左右,是颗美丽的蓝色星星。

但是,随着时间的流逝,所有的星星都会衰老,这是逃不掉的宿命。氢元素被燃烧殆尽,紧接着就开始进行氦的核聚变。于是,氮元素、氧元素也跟着出现了,整颗星星变得越来越大、越来越红。

如果一颗星星的质量大于太阳的 10 倍,那么在进行上述变化过程中它的中心部位还会生成铁。然后,核聚变反应停止,星星开始坍缩。当它抵抗不住自身引力时,就会急速崩坏,最终发生大爆发。

从质量来说,参宿四已经走完了恒星一生的 99.9%。至于它到底什么时候超新星爆发,我们只能说在不久的未来,具体时间还没有谁能确定。它离地球有 640 光年的距离,甚至有可能现在已经爆发,而我们无从知晓。

超新星爆发景象模拟

那么,当参宿四发生超新星爆发时,地球会受到怎样的波及呢?从天文学角度来讲,非常可惜,"两个太阳"在距离上是不可能实现的。

现在,科学家们预测基本上会是这样的演变过程——有一天,赤红的参宿四突然变成蓝色的星星;3 个小时后,宛如满月的光辉凝聚成一点,散发出刺眼的光芒;很短的一段时间过后,它表面的温度下降,颜色从蓝色变成白色,亮度在第 7 天达到顶点;接下来 3 个月的时间里,它一直保持这个状态,即使在白天我们也可以看到空中有一个散发着耀眼白光的点;不久,颜色又变成橙色,从第 4 个月开始逐渐变暗;过了数年,人类的肉眼就再也看不到它了。

另外也有人担心,参宿四释放出的伽马射线可能会把地球的臭氧层烧出一个洞来。如此一来,大量有害的宇宙射线会不断地落到地球上。不过,近些年的研究发现,伽马射线并不会直击地球,不至于带来太坏的影响。

当然,以上只是通过现有技术水平做出的预测。到了那时,映在我们眼中的到底会是一幅怎样的场景,谁也不知道。唯有一点可以肯定的是,没有了参宿四的猎户座会冷清许多。

俄里翁是海神波塞冬的儿子,他右肩位置(图中他面对着我们,所以在左上方)上那颗星星就是参宿四

Q 南极大陆上有温泉？

A 南极大陆上没有温泉，不过漂浮在南大洋上的南设得兰群岛所属岛屿"欺骗岛"上有温泉。这是一座火山岛，在1967年、1969—1970年间分别发生过火山喷发活动，天然温泉随之涌出。它作为"世界最南端的温泉"享誉盛名，游客也可以在这里泡温泉。另外，南极大陆上有一座活火山叫埃里伯斯火山，至今仍在冒烟。

距南极半岛100千米、漂浮在南大洋上的欺骗岛。夏季时分，这个岛上会迎来豪华游轮旅游团

Q 企鹅是从哪里来到南极大陆的？

A 从新西兰约6200万年前的地层中发掘的企鹅化石，被认为是地球上最古老的企鹅种类。从新西兰4500万年前的地层中发掘的企鹅化石，被认为是与现存企鹅有联系、真正的企鹅种类。因此可以推断，企鹅最早应该出现在新西兰岛，后来逐渐迁徙到南极大陆，至于具体过程如何还是未知。另外，关于企鹅是如何进化从而适应南极大陆的，也还有很多谜团。

生活在新西兰岛上的企鹅，这里被认为是"企鹅之乡"

Q 地中海沿岸的房子为什么都是白色的？

A 地中海位于北纬30～45度之间，但是地中海气候其实是一种亚热带气候，夏季光照格外强烈。因此，位于地中海气候区的房子多将墙壁刷成白色，这有利于反射光线。并且，地中海一带分布着大量具有很好防水、防虫性能的石灰岩，很容易开采。鉴于这些自然条件，生活在地中海沿岸的人们以碧海蓝天为背景，建起一幢幢白色的房子，成为一道美丽的风景线。好多照片和电影都是在这里取景的呢。

左图是希腊米克诺斯岛上的美丽风光。许多地中海游轮的宣传册上就印着这里的风景

Q 日本海中为何多狂风巨浪？

A 说到日本海，大家一般会想到狂风巨浪。但它并不是一年到头都如此粗犷。巨浪多发生在冬季，此时气压西高东低。日本海一侧的海岸是北—西走向，西伯利亚高压带来寒冷的季风，它刚好处于季风的下风向。风浪最大的时候，直接拍到岸边，成为滔天巨浪。夏季的日本海还是以风平浪静为主。倒是太平洋海岸，一年到头都能看到怒吼的巨浪拍打岸头。太平洋反而不"太平"呢。

日本东映制作的电影片头是巨浪狠狠拍打岩石溅起无数浪花的画面。很多人认为这个画面拍摄的是日本海，其实是千叶县的犬吠埼

早期人类登场
700 万年前—120 万年前
[新生代]

新生代是指从 6600 万年前开始持续至今的时代。在这一时期，哺乳动物、鸟类以及被子植物等取代中生代的恐龙，迎来了全盛时期。不久，在它们之中，一个新的角色隆重登场，那就是我们——人类。

新生代	第四纪	全新世	现在
			1.17
		更新世	258
	新近纪	上新世	533
		中新世	2303
	古近纪	渐新世	3390
		始新世	5600
		古新世	6600 （万年前）

—顾问寄语—

日本国立科学博物馆名誉研究员　马场悠男

大约700万年前，最早的人类诞生于非洲的原始丛林之中。
随后原始人类拥有了双足直立行走的能力，脚步开始迈向草原。
沿着早期人类进化的遗迹，或许我们就能解开那些看似平常却
被我们所忽略的人类进化之谜。

邂逅 "露西" 的地方

在非洲埃塞俄比亚的东北地区，人们发现了大量的化石。这些化石来自 370 万年前—300 万年前在这片土地上繁衍生息的原始人类——南方古猿。"露西"是这些化石中最为人所知的单一个体骨骼化石。"她"身高约有 1 米，脑容量在一定程度上与黑猩猩不相上下，毫无疑问，这一物种与现代人类颇有渊源。在非洲大地上，"露西"与现代人类一样直立行走。非洲是人类进化的摇篮，每当我们踏上这片土地，便会陷入对于人类祖先的无尽遐想之中。

早期人类赖以生存的家园——
埃塞俄比亚东北部哈达尔地区

哈达尔地区位于阿法尔洼地，1974年，人们在这里发现了包括少女露西在内的大量人体骨骼化石，同时还发现了近6000件其他各类动物的化石样本。根据这些化石，我们了解到，如今处于半沙漠地带的哈达尔地区，数百万年前却是一片得天独厚、水草丰茂的土地。随着人类进化研究的展开，这片有着光明前景的土地也被列入《世界遗产名录》。

迈向现在的足迹

让我们把目光聚焦于坦桑尼亚中部地区的莱托里遗址。大约 360 万年前，有 3 个身影在这片荒凉的热带稀树草原上前行。那身影与生活在这片地区的马、象等其他动物很不同。这 3 个神秘身影是被称作南方古猿阿法种的早期人类。原本生活在树上的人类祖先究竟是从何时开始在地上双足行走的呢？这一问题的确切答案我们尚不知晓，但可以确定，他们至少在约 360 万年前就拥有了这一能力。他们迈着有力的步伐，在这片辽阔的土地上阔步前行。从这里向东 20 千米处有一座火山——萨迪曼火山，它喷发的火山灰厚厚地堆积在地表之上，火山灰上留下了清晰的足迹。早期人类迈向现代人类的进化之旅就此拉开了帷幕。

南方古猿阿法种

人类登场

由类人猿分化出『最早的人类』，迈出伟大的一步

800万年前—500万年前，地球上出现了大规模的气候变化，导致原始森林的形态发生改变，拥有同一祖先的黑猩猩与人类在此时也走上了两条不同的进化道路，至此，『人类的历史』翻开了新的一页。

"最早的人类"诞生于森林之中！

最早的人类生命始于森林之中

覆盖在非洲大陆上的热带雨林发生改变，广袤大地上原本郁郁葱葱的丛林开始演变为马赛克般错落斑驳的稀疏森林，这一变化使得生活在森林的类人猿的世界也迎来了巨大变化。

大型类人猿是黑猩猩与大猩猩共同的祖先，远离地面的树枝间是它们赖以生存的家园，在那里既不必担心来自肉食性动物的威胁，又能轻松获得野果等食物。然而，由于树林变得稀疏，草地交错其间，渐渐出现了一些与众不同的"新居民"。

从外形来看，这些"新居民"全身遍布毛发，手臂颀长，脚趾也能抓举东西，这些特征都与大型类人猿大致相同。然而，当他们从树枝跳到草地上时，双足能够站立。这一点与类人猿截然不同。这些双足行走的奇妙的新居民在站立时还不那么稳，他们正是最早的人类——早期猿人。

人类在进化过程中一共经历了5个阶段：早期猿人、南方古猿、直立人、早期智人和晚期智人。其中，被称为"最早的人类"的早期猿人与南方古猿所经历的时代较为漫长，尚存在不少未解之谜。

早期猿人的想象图

这是名为始祖地猿的早期猿人，人们发现了大量与他们有关的化石，由此证实和了解了始祖地猿的生活状况。他们主要生活在树上，但偶尔也会在地面活动；主要以树上的果实与叶子为食，偶尔也会食用一些昆虫和蛋类。

从类人猿进化到人类的系谱图

"类人猿"本是一种统称，在这里特指生物分类法中的人猿超科。长臂猿科为小型类人猿，人类以外的人科为大型类人猿。

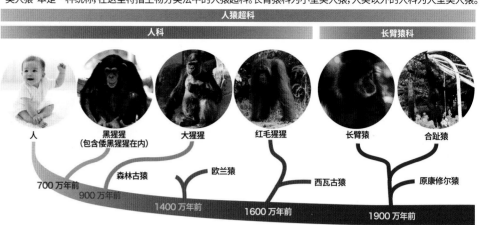

人猿超科

人科　　　　　　　　　　　　　　　　　　　　　　　　　长臂猿科

人　　黑猩猩（包含倭黑猩猩在内）　　大猩猩　　红毛猩猩　　　长臂猿　　合趾猿

森林古猿　　欧兰猿　　　　　西瓦古猿　　　原康修尔猿

700万年前　900万年前　　1400万年前　　1600万年前　　1900万年前

人类与『类人猿』是什么时候开始分化进化的？

大约从 800 万年前起，受全球性气候变化的影响，非洲大陆的景观开始发生巨大改变。由于地球长期以来的寒冷与干燥，导致原本覆盖整片非洲大陆的茂密丛林像是被侵蚀了一般，渐次形成稀疏森林与草地相互交错的景致。

也是在这一时期，有"最早的人类"之称的早期猿人[注1]开始出现在非洲大陆。他们和当时的类人猿一样生活在树上，但不同的是，他们并非栖息在茂密的丛林中，而是栖息在树木较稀疏、视野更为开阔的疏林间。也有观点认为，或许是因为森林里的树木逐渐减少，在适者生存的竞争中，早期猿人不敌类人猿而被迫离开了茂密的森林。

那么，活跃在这一时期的早期猿人，其出现的时间最早能追溯到何时呢？此外，早期猿人与黑猩猩等类人猿明明拥有共同的祖先，究竟是什么让他们走上了不同的进化道路呢？

骨骼差异是区别人类与类人猿的标准

在类人猿中，黑猩猩的骨骼与人类的骨骼最为相近，人们常常将人类与黑猩猩的骨骼差异当作区别人类与类人猿的标准。人类的骨骼特点表现在脊椎与头骨相连接的位置、脑容量大、犬齿小以及骨盆形状特殊等。

这些重要的差异与能否双足直立行走[注2]之间有着巨大的关联。由于双足直立行走的生活习惯，形成了一些只能在人类身上才看得到的特征，如较好的头部平衡能力、垂直的躯干、宽大的骨盆、使双腿站立时保持平稳的笔直的膝关节等。

在人类与黑猩猩共同的祖先刚刚分化出早期猿人与早期黑猩猩时，或许这两者之间的差异并没有现代人类与现生黑猩猩之间的差异这般巨大。然而，从如今发现的早期猿人化石中，研究人员发现了一些人类才有的特征，或许从这里我们能够破解人类进化过程的谜团。

乍得沙赫人才是最古老的人类？

一些灵长类被看作最古老的人类，其中可追溯的最早期人类是由法国古生物学家米歇尔·布吕内发现的乍得沙赫人。虽然人们只发现了乍得沙赫人的头部骨骼，但是根据相对年代测定法[注3]，可以推测其大约存在于 700 万年前—600 万年前。

乍得沙赫人的化石是在位于非洲中部的乍得一片叫作托拉·梅奈拉的遗址发现的。这片遗址所在的萨赫勒地区位于撒哈拉沙漠的南部边缘，如今是一片干旱地区。然而，在乍得沙赫人生存的远古时代，这里却拥有茂密森林、疏林、草地等多种生态系统。

尽管乍得沙赫人的脑容量与现生黑猩猩的脑容量大致相同，但乍

杰出人物

最早人类的颅骨的发现颠覆了考古界的主流学说？！

20 世纪 70 年代以后，人类起源于东非成为考古界的主流学说。而颠覆这一学说的，是来自米歇尔·布吕内的惊人发现。布吕内从上新世的动物形态特征中推测到，非洲中部的乍得地区可能也曾存在人类的祖先。就这样，他前往了并不被人所注意的乍得地区，并展开了长达多年的考古挖掘活动。终于，在 2001 年，他发现了乍得沙赫人的头骨，撼动了此前考古界的定论。

古生物学者
米歇尔·布吕内
（1940—　）

这块化石有可能来自最早的人类

右图是 2001 年在乍得的托拉·梅奈拉遗址发现的乍得沙赫人（意思为生活在乍得地区的人）的头盖骨，下图为根据头骨化石复原制作的乍得沙赫人图像。

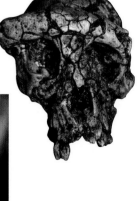

"从猴子到人类"，这是一步多么伟大的跨越啊！

◘ 人类的摇篮——发现早期人类化石的非洲主要地区

直到20世纪90年代早期，人们发现的人类化石中最早的来自440万年前，这些化石发现地也都局限在东非。然而最近，在非洲大陆不断发现新的化石，一个个惊人的考古成果问世，推翻了既往的人类进化的定论，引起了世人瞩目。

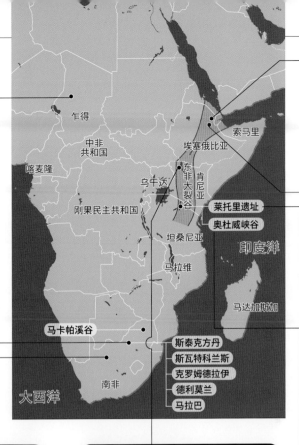

托拉·梅奈拉遗址

生活在700万年前—600万年前的乍得沙赫人的头骨化石就是在这里发现的，他们有可能是最早的人类。

塔翁与斯泰克方丹

在塔翁发现的南方古猿阿法种是最早被认定为早期人类的一类南方古猿。在斯泰克方丹附近的洞窟群（左图）也发现了来自南方古猿阿法种等的古老化石。

图尔卡纳湖西岸

在这片地区发现了来自埃塞俄比亚傍人的头骨化石，该头骨化石保存状态良好，被人们称为"黑头骨"。

哈达尔遗址

早期人类南方古猿阿法种中最为著名的"露西"化石出自这里。

阿瓦什河流域

在这条河流的干流处，发现了卡达巴地猿与始祖地猿2种早期猿人的化石。

莱托里遗址

考古学家在这里发现了南方古猿阿法种化石。同时还发现了3个南方古猿阿法种的脚印化石。

奥杜威峡谷

著名人类学家玛丽·利基在这里发现了鲍氏傍人的化石。另外，这里还出土了许多旧石器时代的遗物，因而声名远扬。

得沙赫人的眼窝是向上隆起的，也就是说，这一构造更接近于后来的猿人。此外，与类人猿相比，乍得沙赫人的犬齿开始出现退化，突出的口吻部线条也开始变得柔和。正是由于这些与人类骨骼相近的特点，人们开始认为乍得沙赫人或许是地球上最古老的早期猿人。

然而，除了这几点特征，乍得沙赫人还是更接近于类人猿，现在还不能完全断定乍得沙赫人就是早期猿人。不过，乍得沙赫人拥有朝向下方的枕骨大孔，这一点与人类如出一辙，这是判断其为早期人类的有力证据。

同样可以直立行走的始祖地猿

如果将已经发现的乍得沙赫人视为最早期的人类，那人类出现的时间就可以追溯到约700万年前—600万年前。

考古学家在肯尼亚北部的图根山发现

了图根原人化石，并且也将其视作为最早期的猿人。据推断，他们大约生活在600万年前。经过研究发现，图根原人的股骨颈与人类这个部位的构造相似，这一点说明了他们也采取直立行走的姿势。可是，从牙齿形态等来看，他们又有着许多与类人猿相似的特点。

另外，生活在大约570万年前—520万年前的卡达巴地猿与生活在近450万年前—430万年前的始祖地猿（也称拉米达地猿）也可能是早期猿人。特别是始祖地猿，他们拥有与人类十分相似的上部宽阔的骨盆，毫无疑问，这也是能够直立行走的铁证。虽然从始祖地猿的手足形态来看，他们仍保留着在树上生活的习性，但是他们身上出现了很多只有人类才有的特征。

根据分子系统学，人们推断出了人类与类人猿产生分化的时期，而地猿生活的时代十分接近于这一时期，而且他们已经有了许多早期猿人的特征，无疑，在他们手中握着解开人类进化之谜的关键钥匙。

科学笔记

【早期猿人】 第106页 注1

人类与黑猩猩拥有共同的祖先，从二者分化开始到逐渐进化为现在的人类，人类的进化史一共分为4个阶段：南方古猿、直立人、早期智人和晚期智人。然而，最近学术界开始倾向于将南方古猿进一步细分为"早期猿人"与"南方古猿"，从而将人类的进化史分为5个阶段。如今，乍得沙赫人是人们所知的最古老的早期猿人。

【双足直立行走】 第106页 注2

指的是动物的脊椎即背骨与下肢垂直于地面呈站立姿势，仅靠双足支撑的行走方式。现生生物中只有人类可以双足直立行走。

【相对年代测定法】 第106页 注3

一种测定化石年代的方法，主要根据发现该化石的地层重叠情况与一同发现的动植物化石来对其进行判断。

现代人类

颚骨
下颚部有突出的下巴。

胸部
胸部呈圆柱形。

手
大拇指较长，可以做到五指紧握。

膝盖
膝关节面宽，故而可以稳定地支撑上身体重，能够实现长时间的直立行走。

枕骨大孔的位置

颅骨中央的正下方便是脊椎。脸小，上颚齿弓弯曲。

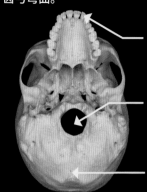

犬齿小

枕骨大孔位于头骨底部的中央处

头盖骨略呈圆弧形

颅骨下方偏后处连接脊椎。上颚齿弓呈棱角明显的长方形。

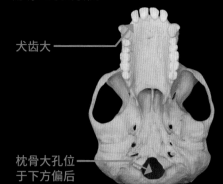

犬齿大

枕骨大孔位于下方偏后

骨盆的形状

人类的骨盆上下短两边宽。躯干在腰的正上方，为了在双足直立行走时支撑体重，用大的髋臼加强髋关节的稳定性。

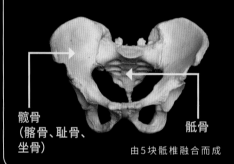

髋骨
（髂骨、耻骨、坐骨）

骶骨

由5块骶椎融合而成

黑猩猩的骨盆形状狭长，在爬树或者使用四肢行进时，后肢可有力伸展。

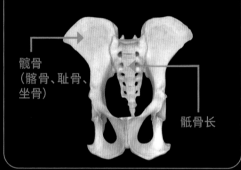

髋骨
（髂骨、耻骨、坐骨）

骶骨长

股骨的形状

股骨向膝盖内侧相向倾斜。

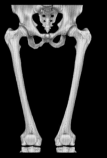

左右两侧的股骨几乎平行伸展至膝盖骨处。

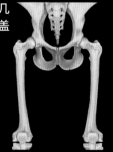

脚的形状

大脚趾与其他四趾朝向同一方向排列。足弓（脚心）高，脚跟部宽，有效达到步行时减震缓冲的作用。

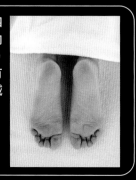

脚趾长。为适应树上生活，大脚趾与其他几趾分离，方向不同。

颅骨与牙齿的形状

有学者认为,黑猩猩的头盖骨与人类祖先的十分相近,巨大的犬齿与呈长方形排列的上颚齿列弓也分别是其特征之一。此外,由于啃食坚硬果皮的需要,黑猩猩的门牙也很大很宽。反观南方古猿阿法种,他们的犬齿与门牙已经退化了,但由于在草原上长期食用含有丰富植物纤维的坚硬植物,使其拥有了发达的臼齿、更厚的牙釉质。智人时期,牙齿全部出现退化,由于仍保留南方古猿在草原生活时期留下的影响,臼齿的牙釉质也很厚。而且,由于智人的大脑更为发达,相比较而言,智人的头盖骨更大,额头也更为明显。

黑猩猩	南方古猿阿法种	智人
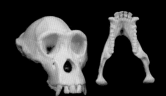		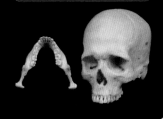

原理揭秘
从骨骼的差异来看人类与类人猿

黑猩猩

从解剖学的角度来看,人类与类人猿最大的区别就在于骨骼的差异,这一点与走路的姿势有着密切的关系。只有人类习惯于双足直立行走,由于这一行走方式,使人类与类人猿的骨骼构造呈现出巨大的差异。让我们通过比较现代人类与黑猩猩的骨骼,来了解二者之间的差异吧。

颚骨
颚骨突出,没有人类那样的下巴。

胸部
胸廓呈圆锥形。

随手词典

【枕骨大孔】
位于头骨底部的孔。这个孔与脊椎相连接,延髓与大脑相接。双足直立行走的人类,因头骨位于垂直的脊椎的正上方,枕骨大孔位于头骨底部的正中央。其他四足动物的枕骨大孔位置皆偏后。

膝盖
膝关节面狭窄,很难支撑其体重,所以不能双足直立行走。

手
手指长而弯曲。大拇指较小,很难像人类那样做到五指紧握。

拥有双足直立行走的能力

开始双足直立行走——进化成人类的铁证

地球上能够长时间平稳地双足直立行走的生物只有人类。人类是从何时开始拥有这一特殊的行动能力的呢？

能够站立并且长时间地利用双足行走可是十分重要的哦！

影响人类进化的"奇迹般的一步"

如果说人类踏上月球的一步是"载入史册的一步"，那么早期猿人小心翼翼地从树上来到陆地，踏出的第一步或许可以称之为"奇迹般的一步"。

这第一步或许还不太稳，但是早期猿人迈向直立行走的第一步却有着重要意义，这一步是解开早期猿人与现代人类之间进化之谜的一把钥匙。

其实，具备双足行走能力的生物非常多。譬如鸟类与土耳其坎高犬便常常用双足行走。黑猩猩等类人猿还有熊、狐獴等生物也能利用双足短暂行走。

然而，对于上述动物而言，用双足行走不是问题，直立行走才是难题。人类之所以能够双足直立行走，是因为在颅骨的正下方，脊椎、骨盆、下肢都沿重心垂直排列，保持着堪称完美的平衡。反观其他生物的骨骼构造，它们往往是脊椎倾斜，或是膝盖弯曲，难以做到"直立"。

早期猿人踏出了双足直立行走的第一步，到了南方古猿时期，他们走向草原的步伐更加稳健、坚定。有学者认为，直立人时期的人类祖先拥有绝佳的身体平衡能力，稳定的双足直立行走能力丝毫不逊色于现代人类。

脚印化石——双足直立行走的证据

通过观察脚印化石，学者发现化石中脚后跟与脚尖处的凹陷程度要大于其他部位，从这里可以了解到脚部各个部位所承受的体重大小。将脚部骨骼化石的特征与脚印化石一并分析，可以得到结论：他们的走路姿势与现代人类几乎别无二致。

双足直立行走的
南方古猿想象图

对坦桑尼亚莱托里遗址的脚印化石进行研究后，学者判断这些脚印分别属于 3 个古猿。也有解释称当时其中一个身高约 150 厘米的古猿与另一个约 100 厘米高的古猿并列向前走，另一个古猿的身高约 130 厘米，在后面踩着前方壮硕古猿的脚印向前行进。或许当时是这样一种场景：一位父亲牵着孩子的手在泥泞湿滑的道路上前行，紧随其后的母亲则生怕跌倒似的，小心翼翼地踩在父亲的脚印上行走。

南方古猿阿法种的
脚印化石

在莱托里遗址，还有一部分南方古猿阿法种的脚印化石残留在约360万年前的地层中。当时，萨迪曼火山喷发产生了大量的火山灰，早期人类的脚印有幸得以完整保存下来。那些脚印和现代人类的脚印几乎完全相同，因此也可以推测早期人类的双足直立行走能力已经有了显著的进化。

拥有双足直立行走的能力

早期猿人生活在森林里时就已经具备双足直立行走的能力

人类与类人猿之间决定性的区别就在于行走方式。

黑猩猩与大猩猩等虽然也能直立，但它们采取的是用指关节着地行走的方式，也就是走路时将手轻轻握拳，仅仅用从指尖数起的第二个关节骨（指中骨关节）触地，支撑身体。

而人类是完全不依赖上肢就能做到双足直立行走的。不过，早期的人类从四足行走的灵长类进化到完全实现双足直立行走的人类，这个过程并不是一蹴而就的。一段时间内，类人猿既适应树上生活，同时也像人类一样适应陆地生活。

或许很久以前人类就可以双足直立行走了

那么，人类究竟是从何时迈出双足直立行走的第一步的呢？

关于人类双足直立行走的原因，长久以来，学术界都坚持"热带稀树草原[注1]假说"。根据这一假说，最早是由于全球性的环境变动，导致非洲大陆以木本植物为主的茂密森林大面积减少，出现了热带稀树草原，又称萨瓦纳群落。就是在这片地带，人类被迫开拓新的家园，为方便行动才开始双足直立行走。

但是，后来所公布的有关始祖地猿的详细研究成果，颠覆了这个人们一直推崇的假说。

始祖地猿 | Ardipithecus ramidus | 的骨骼化石

对于始祖地猿骨骼化石的最新研究成果，解开了关于早期猿人如何行走的诸多谜团，对于探明人类进化的研究做出了突出的贡献。

瞧，早期猿人时期就已经初具人类的特征了！

始祖地猿拥有颀长的手指与灵活的关节，便于抓住树枝，但上肢以及手掌的长度却差强人意，手腕部的骨头也并不发达。这些身体特征表明，他们并不适合像黑猩猩一样悠荡在丛林，生活在树上，也不能像类人猿一样仅仅抓住树枝就做到自在的活动。

另一方面，始祖地猿的大脚趾与其他脚趾分离，看起来似乎可以抓稳树干，但是他们的足部还有着足以支撑体重的结实的根骨与距骨，从这一点来看，他们极有可能已经拥有了双足直立行走的能力。

总的来说，我们可以认为始祖地猿几乎已经具备了双足直立行走的能力，可他们还是以在疏林间的树上生活为主，偶尔来到地面行走。

所以，人类的双足直立行走与热带稀树草原的出现并无关系，早期人类生活在森林里时就已经掌握了双足直立行走的能力。

观点碰撞

"食物供给假说"——关于双足直立行走的一大有力学说

从始祖地猿的足部骨骼化石来看，因大脚趾与其他几趾分离，人们判断始祖地猿仍然适应树上生活。换句话说，在那时，他们的双足并未进化到完全适应直立行走的形状。可从其骨骼来看，他们似乎已经能够直立行走。那么出现这种矛盾的原因又是什么呢？

美国的人类学家欧文·洛夫乔伊指出，这是由早期猿人的配偶关系导致的。相较于其他的类人猿，始祖地猿的犬齿更小。从这一点可以判断，始祖地猿能否获得配偶的关键，并不在于雄性间为争夺配偶而展开的争斗的输赢，而在于雄性为雌性提供的食物的多少。他认为，为了获得配偶的芳心，雄性始祖地猿在行走时需要双足直立以解放上肢来搬运更多的食物。或许正是上肢得到了解放，能够供应大量的食物，才能吸引雌性的始祖地猿。看来，无论古今，具有强大生活能力的雄性总能收获桃花运啊。

正在用上肢搬运枝叶的黑猩猩。早期猿人『食物供给假说』所提到的画面或许也是如此吧

◯ 早期猿人与南方古猿的比较 　通过比较早期猿人与南方古猿的特征,可以了解人类进化的过程。

南方古猿阿法种
|Australopithecus afarensis|

南方古猿

生活年代／370万年前—300万年前
著名的标本名称／"露西"

最有名的早期人类,1974年在埃塞俄比亚发现的化石标本"露西",如今许多博物馆都有展出其复原模型。但是南方古猿的化石个体间差异很大,这究竟是极端的两性差异所致,还是由于个体间体格差异大,抑或是物种不同,学术界仍在讨论研究,尚无定论。

始祖地猿
|Ardipithecus ramidus|

早期猿人

生活年代／450万年前—430万年前
著名的标本名称／"阿尔迪"

人们发现了100件以上早期猿人的化石标本,使人类进化研究取得了飞跃性的进展。也有人认为,始祖地猿由两性差异导致的体形差异几乎可以忽略不计,雄性之间的争斗很少,采集食物以及养育后代等是由雌雄两性共同进行的。

枕骨大孔
头骨相对较小,仍保留有类人猿的特征。但枕骨大孔向下,适于双足直立行走。

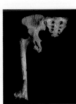

骨盆
髂骨上下短而左右宽,骨盆向左右两侧伸展,使身体保持左右平衡,但腿部向后伸展的蹬地力量较弱。

手部
手指颀长且弯曲,关节柔软灵活。手掌骨短而结实,不适合像类人猿那样用指关节着地行走。

骨盆
骨盆下部仍保留了类人猿的特征,但是上部左右宽,可以认为是适于双足直立行走的构造之一。

膝关节
膝关节上部向躯干外侧倾斜,胫骨上部宽,用以支撑体重。

脚部
莱托里遗址发现的脚印化石显示,南方古猿拥有与现代人类一样的足弓。

脚部
大脚趾与其他四趾分离,适于抓住树枝,但同时还有适应双足直立行走的结实的根骨与距骨。

生活在原始森林的早期猿人虽然能够双足直立行走,但还不够稳定。到了南方古猿阿法种时期,这一能力得到了充分的进化。尽管他们仍与始祖地猿一样在疏林间生活,但随着森林面积的逐渐减少,热带稀树草原的面积逐渐扩大,南方古猿阿法种的活动区域也广阔了起来。要在辽阔的草原上生活,少不了长距离的行走,因此必然导致骨骼构造渐渐发生变化,以适应双足直立行走的生活习惯。

由于双足直立行走,南方古猿还出现了骨骼以外的变化,那就是体内能量源——脂肪的储存能力有了大大的提高。黑猩猩与大猩猩的体内只能储存 5% 左右的体脂,可人类长距离的活动,使得体内储存脂肪的能力得到大大的提高,进而能够为进行大量的活动提供能量。

对于现代人类来说,由于不再需要自己打猎采摘食物,储存脂肪的能力似乎渐渐有些多余,但是,早期人类正是因为有了储存脂肪的能力,才能为了搜寻食物进行长途跋涉,并最终走出非洲大陆。

科学笔记

【热带稀树草原】第112页注1

常见于热带、亚热带地区,零星分布着耐干旱的树木的草原地带。由于非洲大陆的寒冷化、干燥化,使得这一种自然形态范围扩大。与森林相比,陆生哺乳动物与植物的多样性和生存数量呈现出更为丰富的倾向。常译作萨瓦纳群落。

🔍 近距直击 ● ● ●

人类为什么会出现体毛退化?

人类具有强大的环境适应能力,除了储存脂肪外,人类的双足直立行走也是适应环境的一大变化,由此还带来了意外收获——"无毛化"。人类从森林走向草原,为确保获得食物与水源,迁移范围也随之变大。此外,由于开始食肉,人类捕食猎物所需的活动量也大大增加。由于上述原因,热量积在体内,通过排汗来使全身降温,这一人体功能也进一步发达起来,体毛减少无疑能够防止人体温度过高。大约160万年前,人类逐渐进化出无毛化皮肤。

人类(右图)与一般哺乳动物(左图)的皮肤横截面图。人类皮肤上分布着大量汗腺,汗液可以直接由皮肤表面排出,降温效果更强

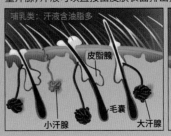

哺乳类:汗液含油脂多

皮脂腺
毛囊
小汗腺　　大汗腺

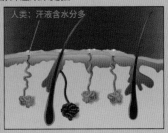

人类:汗液含水分多

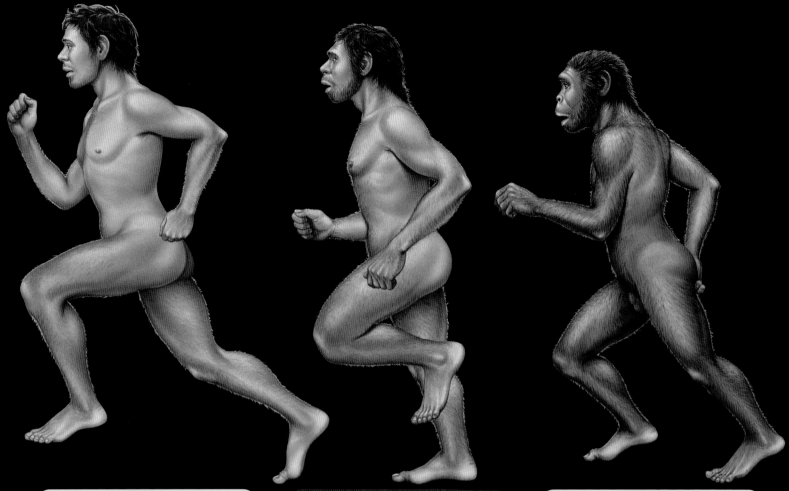

智人
Homo sapiens

智人是最终进化成现代人类的一支,外观与现代人几乎相同。身体平衡能力强,十分灵活,已经完全掌握双足直立行走能力。智人不仅能够稳健地长距离行走,奔跑与长时间的站立对他们来说也是小菜一碟。

尼安德特人
Homo neanderthalensis

与现代人类相似的一支物种,骨骼构造与智人惊人地相似,身高在150~170厘米之间,也不乏更矮一些的。骨骼结实,四肢强壮有力,完全能够双足直立行走,与现代人一样可以进行长距离的行走与奔跑。

直立人
Homo erectus

体形变化十分显著,相比较而言,其腿的长度要远远大于手臂的长度,身高与现代人相同,达到了160厘米以上。身体灵活,可以双足直立行走。普遍认为他们很可能已经能够进行长距离的行走或奔跑。

随手词典

【骨盆】
巨大的骶骨、髋骨、尾骨共同构成骨盆。髋骨又由髂骨、坐骨、耻骨3部分组成。

【胫骨】
位于小腿内侧,胫骨是下肢主要骨骼,粗壮而且较长,对支撑人体体重起重要作用。

---

③ 不同的骨骼构造导致不同的行走姿态和股关节伸展(迈步)差异

黑猩猩靠腿后腱发力伸展股关节,行走时四肢并用。与现代人类相比,南方古猿阿法种的骨盆要微微前倾,站立时腰椎弯曲,股关节的伸展是靠臀大肌与腿后腱实现的。现代人类的骨盆是竖直生长的,通过臀大肌发力,既可以行走,也可以奔跑。

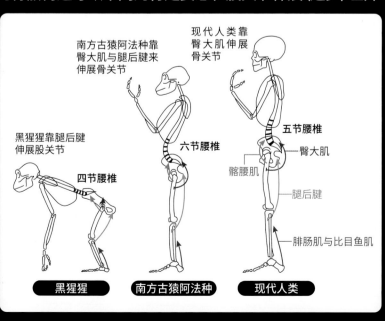

南方古猿阿法种靠臀大肌与腿后腱来伸展骨关节

现代人类靠臀大肌伸展骨关节

黑猩猩靠腿后腱伸展股关节

五节腰椎
六节腰椎
四节腰椎

臀大肌
髂腰肌
腿后腱
腓肠肌与比目鱼肌

黑猩猩　南方古猿阿法种　现代人类

在双足直立行走之前的故事

要判断一类生物是不是人类，需要注意很多关键点，其中重要的一点便是看其是否拥有双足直立行走的能力。在大约700万年前，人类与类人猿就开始分化进化了，而在大脑变得发达之前，人类就已经能够自行站立并行走，这一点对于研究人类进化来说十分重要。双足直立行走被视作人类的象征性证据，那么，人类究竟是在什么时候，又是怎样拥有了这一能力的呢？

南方古猿

南方古猿阿法种

从枕骨大孔的位置与骨盆形状来看，他们已经开始双足行走。而且，拥有明显的足弓，适于双足直立行走。虽然南方古猿能够奔跑，但似乎没办法长距离地奔跑。

早期猿人

始祖地猿

虽然从枕骨大孔的位置与骨盆形状来看，始祖地猿可以双足行走，但是没有足弓，没办法长距离地移动。因此可以说，他们并没有完全掌握双足直立行走的能力。

人类与黑猩猩的共同祖先

共同祖先的形态接近黑猩猩，住在密林，主要生活在树上。共同祖先手心向下抓紧树干，使用四肢在树间移动。

2 身体重心的变化

黑猩猩与现代人类的身体重心位置有着非常大的差异。对于黑猩猩这样四肢爬行的动物而言，就算能站起来，后肢也仍呈半蜷曲的状态，想要支撑全身的重量需要耗费较多的能量。然而，对于现代人类来说，直立站稳时仅仅比睡眠时多耗费7%的能量。从四肢爬行到双足直立行走这一进化过程中，身体重心的变化可是很重要的一点。这是因为骨盆的形状发生了改变，腰背能够挺直，这样一来，人类的头与脊椎能够位于股关节的正上方处。

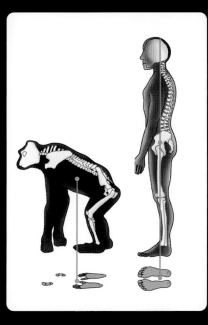

1 骨盆与股骨的变化

观察类人猿的骨盆，其髂骨上下纵向偏长。而人类的髂骨则是上下纵向偏短，左右宽且弯曲，这一构造将腰部包裹，也有利于双足直立行走时固定躯干，使步伐更稳。骨盆的变化发生在人类进化的早期阶段。南方古猿阿法种的骨盆形状已经十分接近现代人类。始祖地猿的骨盆下部仍保留类人猿的特征，但是髂骨接近南方古猿阿法种，学者认为这是判断始祖地猿已能够直立的证据之一。随着骨盆的变化，人类股骨逐渐向身体正中线倾斜，分别与胫骨成一夹角，这一构造能减小步行时体重对骨头带来的冲击，更便于双足直立行走。反观类人猿，股骨与胫骨则是成一条直线。

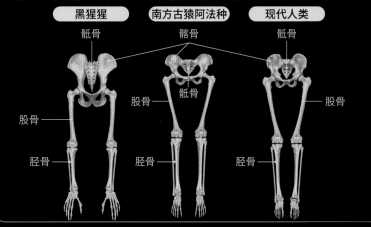

黑猩猩	南方古猿阿法种	现代人类
骶骨	髂骨	骶骨
	骶骨	
股骨		股骨
胫骨	胫骨	胫骨

人类的多样化

人类接连不断地诞生在非洲大陆

从诞生于非洲大陆的早期人类到现代人类，是一条漫长的『进化之路』，同时还伴随着大量人类物种的灭亡，因此也是一条荆棘之路。那么让我们一起来看看这一路上都出现过哪些人类物种的身影。

人类不止一种，而是有许多种

在生活于 700 万年前—600 万年前的乍得沙赫人之后，非洲大陆上还诞生了许多种人类。从乍得沙赫人等早期猿人到南方古猿、直立人，再到早期智人和晚期智人，谱写了绚烂的人类进化史。

说到人类的进化史，人们普遍会认为是一条直线，即从与类人猿共同的祖先直接进化为现代人类。但事实上，人类的进化史并不是单一的直线系谱，而是系统十分复杂的树状图。即使是生活在同一时代的人类也并非只有一种，而是存在着许多种。举个例子，单从脑容量来看，我们现在所知的能人与鲍氏傍人要比早期猿人更接近南方古猿，而这两种人类同时繁衍生息在大约 200 万年前。从灵长类的共同祖先分化为类人猿与人类后，又经历了多种分化进化才逐渐演变为现代人类。

现在让我们来看一看早期猿人之后都有哪些人类在地球上繁衍生息。

处于不同进化阶段的不同人类，却生活在同一时代呢。

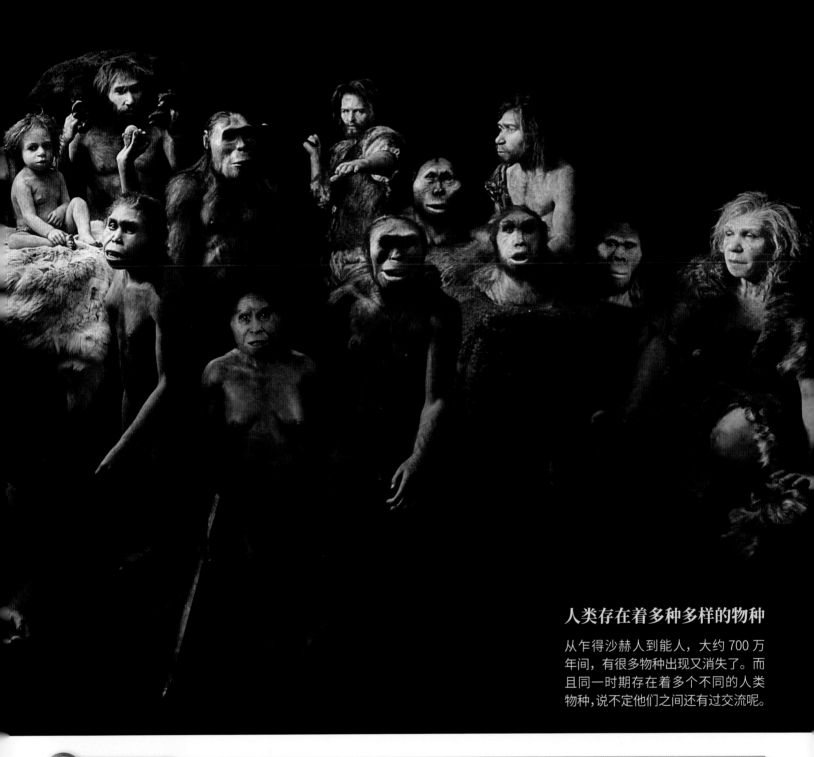

人类存在着多种多样的物种

从乍得沙赫人到能人，大约 700 万年间，有很多物种出现又消失了。而且同一时期存在着多个不同的人类物种，说不定他们之间还有过交流呢。

近距直击 • • •

"统合派"与"分割派"对于人类物种的分类

对于人类物种的分类，研究者有着不同的见解。其中，倾向于将不同物种进行概括性分类的被称为"统合派"，而注重化石记录的不连续性并倾向于进行细分的被称为"分割派"。即使是对同一人类进行分类，根据典型的统合派分类方法，会将乍得沙赫人、图根原人以及始祖地猿全部归类为始祖地猿，通过这样的方式一共将人种分为 8 种；但是根据分割派的方法，则细分为 20 余种。

对于人类物种的分类，学术界并没有十分严格的规定，往往在发现新的人类物种时，从激烈的讨论到对其的普遍认同之间要经过很长的时间

117

从早期猿人到南方古猿的颅骨变化

虽然乍得沙赫人颅骨仍保留着一些类人猿的特征，但是随着时代变迁，他们的颅骨呈现出多样性的变化，如类人猿的特征逐渐弱化、人类的特征愈发明显等。

直立人 能人种
| Homo habilis |

生活在240万年前—160万年前。比起生活在同一时期的鲍氏傍人，能人的臼齿非常小。就直立人来说，其脑容量也较小。

南方古猿 南方古猿非洲种
| Australopithecus africanus |

生活在330万年前—210万年前。头骨外形圆润。上颚十分突出。臼齿相当发达。

早期猿人 始祖地猿
| Ardipithecus ramidus |

生活在450万年前—430万年前。眉骨到人中部骨骼坚固且距离较短，颅腔狭小。犬齿与大臼齿较小。

100　　　　200　　　　300　　　　400　　　　500（万年前）

南方古猿 鲍氏傍人
| Paranthropus boisei |

生活在230万年前—140万年前。具有十分突出的颚骨与臼齿，该种特征是颅骨顶部有附着肌肉的矢状脊。

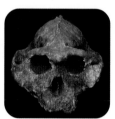

南方古猿 南方古猿惊奇种
| Australopithecus garhi |

生活在250万年前—230万年前。颚骨突出，上颚前部突明显。牙釉质厚，臼齿大。

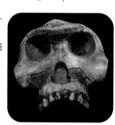

南方古猿 南方古猿阿法种
| Australopithecus afarensis |

生活在370万年前—300万年前，身体庞大，但是头盖骨很小；前额狭窄，但是面部骨骼及颌骨较宽，颌骨向前突出。

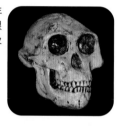

现在我们知道！

各种人类走过的进化之路

让我们将时间倒回至早期猿人始祖地猿生活时代的约60万年之后，也就是370万年前—300万年前，出现了一种猿人，他们拥有一些始祖地猿所没有的特征。他们就是南方古猿阿法种。

在坦桑尼亚的莱托里遗址以及埃塞俄比亚的哈达尔遗址，人们发现了一些南方古猿阿法种的化石。其中，人们在哈达尔地区发现了一具过半骨骼都保存完好的女性个体化石。作为目前所发现的历史悠久、最早期人类的标志性化石，可算得上享誉世界，人们亲切地称之为"少女露西"。

南方古猿阿法种的体重大约在35～55千克，脑容量[注1]在400～500毫升左右。而与南方古猿阿法种体重几乎相同的黑猩猩脑容量平均只有350毫升，也就是说南方古猿阿法种的脑容量更大一些。此外，南方古猿阿法种的牙齿也与黑猩猩的有所不同，南方古猿阿法种的门齿小而小臼齿和大臼齿[注2]比较大。这一点说明他们会食用一些需要发达的咬合力方可咀嚼的坚硬食物。不仅如此，通过观察其骨盆的形状，我们也可以了解到他们具备双足直立行走的能力。

后来，人们又在南非发现了生

近距直击

人类最早是从什么时候开始使用工具的？

南方古猿惊奇种生活在约250万年前，人们在南方古猿惊奇种化石的附近发现了一些存在切割痕迹的动物骨骼化石，这是早期人类用石器分解动物尸体的最早的证据。但是，2009年，人们在更早的339万年前的有蹄类骨骼化石上，发现了有石器切割留下的痕迹。

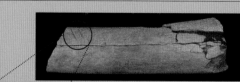

利用最新的图像技术放大进行观察，在埃塞俄比亚发现的339万年前的骨骼化石上，刀具切割的痕迹清晰可见

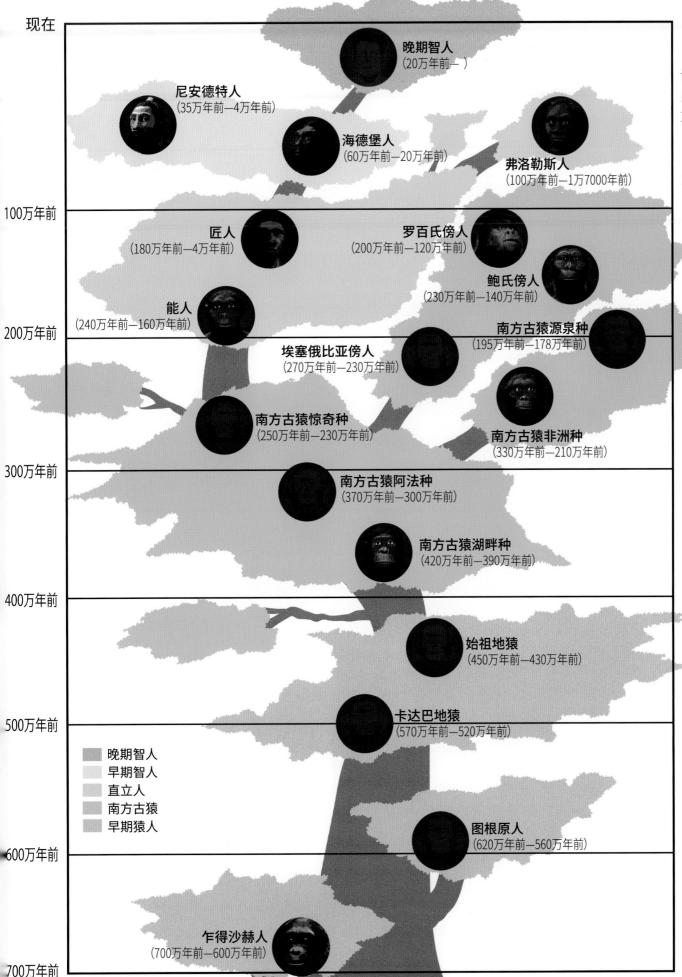

◙ 人类进化的树状图

在大约700万年前,人类与黑猩猩共同的祖先出现分化进化,此后,衍生出不同种的人类,但其中大量的种在历史长河中稍纵即逝。可细分为20余种的人类大家族中,只有智人这一种幸存下来,最终进化成了现代人类。

※在这里,我们集中介绍一些大家较为熟悉的人种。

现在

晚期智人
(20万年前—)

尼安德特人
(35万年前—4万年前)

海德堡人
(60万年前—20万年前)

弗洛勒斯人
(100万年前—1万7000年前)

100万年前

匠人
(180万年前—4万年前)

罗百氏傍人
(200万年前—120万年前)

鲍氏傍人
(230万年前—140万年前)

能人
(240万年前—160万年前)

南方古猿源泉种
(195万年前—178万年前)

200万年前

埃塞俄比亚傍人
(270万年前—230万年前)

南方古猿非洲种
(330万年前—210万年前)

南方古猿惊奇种
(250万年前—230万年前)

300万年前

南方古猿阿法种
(370万年前—300万年前)

南方古猿湖畔种
(420万年前—390万年前)

400万年前

始祖地猿
(450万年前—430万年前)

500万年前

卡达巴地猿
(570万年前—520万年前)

晚期智人
早期智人
直立人
南方古猿
早期猿人

图根原人
(620万年前—560万年前)

600万年前

乍得沙赫人
(700万年前—600万年前)

700万年前

许多人类物种
出现后不久就
走向了灭绝。

活在大约300万年前—210万年前的南方古猿非洲种的化石。他们与南方古猿阿法种十分相似，但脑容量更大，颅骨和面部与黑猩猩相差甚远，这一点与南方古猿阿法种有较大不同。南方古猿非洲种既可以爬树又可以双足行走，在草原与疏林间都留下了他们生活的身影。

粗壮型南猿时期——咀嚼坚硬食物

有这么一支人类物种，生活在270万年前—120万年前，他们有着不同于南方古猿其他种的特征，具有坚固的颚骨与巨大的臼齿，他们就是傍人。傍人属也被称为粗壮型南猿，在这一属里，分有埃塞俄比亚傍人、罗百氏傍人、鲍氏傍人等不同种，尤其鲍氏傍人具有十分突出的巨大颚骨与臼齿，拥有用于咀嚼的强劲肌肉。

鲍氏傍人的大臼齿在所有人类物种中是最巨大的，又因为其坚硬强大的颚骨与牙齿，而被冠以"胡桃夹子人"的昵称。

而傍人之所以有着特殊的颚骨与牙齿，与他们所食用的食物种类密不可分。鲍氏傍人主要采摘并食用带有种子和坚硬外壳的果实，坚硬的颚骨正是为了食用这些果实才逐渐变得特殊的。

迈向进化新阶段——脑容量变大

在与鲍氏傍人繁衍生息的同一年代，还存在着另一支人类物种，与南方古猿相比，更接近直立人，他们就是能人。鲍氏傍人的脑容量大约为450毫升，但能人的脑容量约达500～800毫升。虽然还达不到现代人类的脑容量大小，但是能人在手指的灵活程度上已经超越了鲍氏傍人，由此我们知道能人与鲍氏傍人走向了不同的进化阶段。

目前还没有证据能将能人与南方古猿或直立人明确地区别开来。可是，能人的存在说明人类祖先在向现代人类进化的过程中迈向了崭新的阶段。

人类进化的阶段概念图

早期猿人就已经可以双足直立行走了，到南方古猿时期，这一能力得到了很大的进化，但是要到直立人时期，下肢进化得更长，才完全实现双足直立行走。"大脑的发达进化"要迟一些，在直立人时期以后才有了迅速的发展。人类祖先在草原生活时大臼齿开始变得发达，在学会使用火后，大臼齿开始退化。人类在进化中没有选择"暴力至上"，因此"犬齿迅速退化"也是进化为人类的佐证之一。

※上述数值只是估算值，并非精确数值。"上颚犬齿的大小""双足直立行走的发达程度"是为了方便读者理解退化与发达的概念性描述。从骨骼化石状态推算的人类脑容量并不是大脑的实际大小，而是包括大脑在内整个颅腔的大小，因此该数值要比大脑的实际大小多几个百分点。

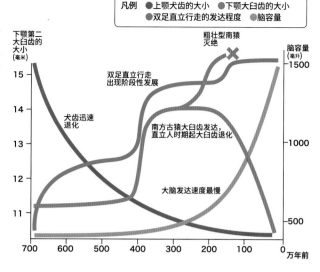

凡例　●上颚犬齿的大小　●下颚大臼齿的大小　●双足直立行走的发达程度　●脑容量

科学笔记

【脑容量】 第118页注1
我们已知现代人类的脑容量大约为1350毫升，很容易与早期人类的脑容量进行比较。乍得沙赫人的脑容量约为320～380毫升；处于南方古猿与人属之间过渡时期的能人，其脑容量在500～800毫升。

【臼齿】 第118页注2
用于研磨与咀嚼食物的牙齿。口腔最内部的为大臼齿，人类通常有上下、左右对称的3对（共12颗）大臼齿。口腔前部的2对（共8颗）称为小臼齿。

观点碰撞

热带稀树草原假说正确吗？

早期人类在非洲大陆繁衍生息，而人类进化学说中，不少都提到人类的进化与非洲的气候变化紧密相关。热带稀树草原假说就是代表性学说之一。热带稀树草原假说是指，随着非洲大陆干旱化的发展，原本茂密的森林转变为树木稀疏的热带稀树草原，其面积的逐渐扩大加快了人类双足直立行走与脑容量变大的进程。然而，近年来也出现了不少反对这一假说的声音。如果说人类的进化是由于生活在热带稀树草原而导致的，可人们在森林地带发现的早期人类化石也符合热带稀树草原生活的特征，这又该作何解释呢？

我们至少可以了解到，早期人类的生存环境并不是一下子就从森林转变为热带稀树草原的，这还意味着，无论是在原始森林还是在稀树草原，人类是可以适应大范围的环境变化并继续繁衍的。早期人类骨骼化石的特征显示，他们既可以在草原上双足直立行走，也可以从容应对树上的生活，这似乎是在告诉我们，人类具有强大的环境适应能力。

由于全球气候变化，导致覆盖非洲境内的茂密森林面积减少，出现了如图所示的热带稀树草原。这些草原的存在对人类的进化产生了多少影响，这一问题的明确答案我们不得而知。不过我们知道，草原生活给人类带来了食性上的变化以及为避免肉食动物的攻击而产生的生存智慧等，这些都对人类的进化产生了一定的影响

人属祖先究竟是哪一种古猿？

人类的祖先是谁，答案愈发明晰

想必大家都想知道自己祖先的系谱吧。自从 1924 年南方古猿非洲种的颅骨化石（汤恩幼儿）在南非发现以来，人们逐渐发现了好几种南方古猿的化石，长久以来人们普遍认为南方古猿非洲种正是人属的祖先。

例如，1938 年在南非发现的罗百氏傍人、1959 年在东非坦桑尼亚发现的鲍氏傍人等化石，从其过于坚硬的颚骨与牙齿特征，人们判断他们并不是人属的祖先。

另一方面，最早的人属化石是 1964 年在坦桑尼亚发现的能人化石，时间大约可追溯到 200 万年前。同一时期，有研究表明南方古猿非洲种生活的年代是在 250 万年前，所有人都认为能人是从南方古猿非洲种进化而来的。

1974 年，南方古猿阿法种的女性个体骨骼化石（少女露西）在东非埃塞俄比亚发现，据推测其生存的年代为 320 万年前，于是人们判断南方古猿阿法种

■最早发现的南方古猿——南方古猿非洲种（汤恩幼儿）的颅骨

南方古猿非洲种的颅骨化石。根据推测，其年龄在3岁左右，被称为"汤恩幼儿"。为南方古猿非洲种的正型标本。

■人属祖先与引起风波的南方古猿源泉种的骨骼化石

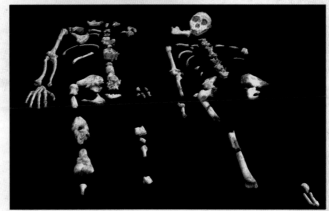

在钟乳洞中，人们同时发现了这两具南方古猿源泉种骨骼化石，他们很有可能是母子关系。该化石极为罕见地保留着身体大多部分。右侧的少年化石为正型标本※。

※ 正型标本是指一个种被第一次描述的时候所使用的单一物种个体。

是南方古猿非洲种的祖先。与此同时，虽然也有人认为南方古猿阿法种直接进化成为能人，但是并没有决定性的证据。然而，到了 1996 年，在埃塞俄比亚发现了南方古猿惊奇种的化石，其生存的年代与南方古猿非洲种相同，都是在约 250 万年前，这样一来，在东非这片大地上，人类祖先从南方古猿阿法种进化到南方古猿惊奇种，再进化到能人的系谱几乎成为定论。

南方古猿源泉种的发现一石激起千层浪

2008 年，人们在南非发现了保存极其完好的少年与女性个体骨骼化石，2010 年学者宣布这一化石来自南方古猿源泉种，这一发现再次点燃了与人属祖先相关的争论。南方古猿源泉种身高 130 厘米，脑容量约为 420～450 毫升，他们具有南方古猿的特征，即拥有大而有力的臂膀，但是退化的下颚与牙齿、发达灵活的大拇指以及骨盆的形态等与人属的特征一致，似乎可以把他们视为人属的祖先。可是由于其大概生活在较

晚的 200 万年前，有学者认为，南方古猿源泉种没有经过能人这一进化阶段，直接进化成了直立人。

但是，另一种有力的观点认为，南方古猿源泉种是由南方古猿非洲种独自进化而来的，最终没有进化成人属就灭绝了。对于这一观点，学者解释称，虽然南方古猿源泉种在双足直立行走的能力上有所发展、能够使用工具、食肉导致咀嚼器官的退化等方面拥有与人属相似的特征，但是这只是区别于人属祖先的个别独立形成的趋同演化现象（形成原因相同）。

就算有一部分特征相似，但是没有绝对的证据表明它们之间有着实际的系统性关联。实际上，在人类具体是于何时何地出现进化这一问题上，学者们从不曾停下努力钻研的脚步。

马场悠男，1945 年生。毕业于东京大学理学部生物专业。曾任日本国立科学博物馆人类研究部部长，长年致力于与印度尼西亚的研究机构合作开展有关爪哇猿人的学术调查。热爱实地调查，主要研究人类的演变和日本人的形成过程。

地球博物志

热带稀树草原

| *Savanna* |

加速人类进化的草原环境

根据德国气候学家柯本的气候分类法，热带稀树草原气候属于热带气候中的一种，植被较高的草原之中稀疏散布着耐旱树木是这一气候下的主要景观。热带雨林的减少导致食物保障变得困难，大约从400万年前起，南方古猿开始从森林走向草原，双足直立行走的效率也提高了。

热带稀树草原气候的分布

以赤道为中心，该气候多分布在南回归线与北回归线之间的地带。在热带雨林的周围广泛分布，气温年较差小。一年中雨季和旱季分明，夏季多雨潮湿，冬季干燥。最冷月气温在18摄氏度以上，年降水量不到2500毫米。在部分极端地区，虽然夏季也会迎来干旱期，但往往较为短暂，因而也归为热带稀树草原气候。通常用Aw来表示，A意为"热带"，w意为"冬季干燥"。

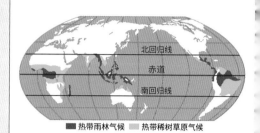

北回归线
赤道
南回归线

■ 热带雨林气候　■ 热带稀树草原气候

【塞伦盖蒂国家公园】

| *Serengeti National Park* |

在坦桑尼亚北部的乞力马扎罗山脚下，塞伦盖蒂国家公园就坐落在这一片辽阔的热带稀树草原之中，并于1981年被列入联合国教科文组织《世界遗产名录》。主要散布着稀疏林及灌木林的辽阔草原，同时也作为野生动植物宝库而享誉世界。它毗邻肯尼亚的马赛马拉国家保护区，而每逢迁徙时节，浩浩荡荡的角马群横跨1500余千米，仿佛将地平线完全淹没，极为壮观。12月一次年6月为该地区的雨季。

塞伦盖蒂地区睥睨万物的百兽之王狮子

数据

地区	坦桑尼亚北部，北邻肯尼亚，西接维多利亚湖
海拔	900～1800米
面积	1万4763平方千米
主要栖息动物	狮子、猎豹、非洲象、角马、斑马

文明与地球
生活在热带稀树草原的民族
与野生动物共呼吸的"红衣飘飘的人们"

生活在坦桑尼亚和肯尼亚的马赛人，是对于大多数日本人来说并不陌生的游牧民族，他们身裹红色传统服装的形象深入人心。尽管如今大多数人都生活在城市里，但也有人在热带稀树草原上，沿袭着以放牧为主的传统生活方式，并以监督偷猎行为、为游客做向导、贩卖工艺品等为生。对他们而言，动物是神赠予的财富。尤其是牛，是有

着与货币一样重要意义的动物。据说，以英勇著称的马赛人甚至将试图偷袭牛的狮子及鬣狗等视为敌人，并举起枪驱赶它们。

马赛人居住的地区大多被设定为自然保护区，禁止放牧活动，这使得他们的传统生活面临着巨大的变化

【马赛马拉国家保护区】

| *Masai Mara National Reserve* |

马赛马拉国家保护区位于肯尼亚西南部的边境地区，这里分布着约320平方千米的热带稀树草原地带，就在与塞伦盖蒂国家公园相接的这片辽阔腹地中形成了一个庞大的生态系统。这是一片十分特别的地区，从肯尼亚首

都内罗毕驱车数小时就能抵达，这里栖息着种类丰富的野生动物。保护区内的马赛人仍保持着传统的生活方式，与野生动植物朝夕相处。马拉河与塔勒客河流经此地，湿地资源也十分丰富。每年7月—10月，在这里可以看到壮观的角马大迁徙。

数据

地区	肯尼亚西南部，紧邻坦桑尼亚国境交界处
海拔	1600千米以上
面积	1812平方千米
主要栖息动物	狮子、非洲象、犀牛、豹子、非洲水牛、河马、鳄鱼

【塞拉多保护区】

Cerrado Protected Areas

塞拉多保护区位于巴西中部高原的热带稀树草原地区。这片广阔的保护区从巴西中部高原一直延伸至亚马孙热带雨林地区，位于戈亚斯州的韦阿代鲁斯高地国家公园与艾玛斯国家公园也都在这片区域内。因为这里有着地球上最古老的岩石形成地带等特殊自然景观，2001年被列入《世界遗产名录》。

塞拉多保护区有许多珍稀动物，例如鬃狼

数据	
地区	巴西中部高原
海拔	600～1650米
面积	包括655平方千米的韦阿代鲁斯高地国家公园与1320平方千米的艾玛斯国家公园在内，共计约3674平方千米
主要栖息动物	鬃狼、美洲豹、大食蚁兽、水豚

【大查科】

Gran Chaco

大查科是位于南美洲大陆中部的大平原，从阿根廷北部延伸至玻利维亚东南部、巴拉圭西北部。平原上除了一部分宽阔地草原与热带稀树草原地带外，还覆盖着落叶矮灌木丛。除东部边缘地区外多呈半干旱气候，具有年降水量稀少、干旱期分明、夏季高温等特征。由于皮科马约河与萨拉多河流经此地，这里沼泽与湿地资源丰富。

数据	
地区	阿根廷北部、玻利维亚东南部、巴拉圭西部
海拔	500米以下
面积	约64万7500平方千米
主要栖息动物	草原西貒、美洲驼、水蚺、圆眼珍珠蛙、波子角蛙

【洛斯亚诺斯】

Llanos

洛斯亚诺斯是位于南美洲安第斯山脉以东的哥伦比亚和委内瑞拉境内的热带大草原，奥里诺科河及其支流流域广布，这片大草原北至安第斯山脉，东南延伸至圭亚那高原附近，西南直抵亚马孙低地。受东北信风影响，干湿季分明，每年6月—10月为雨季，12月—次年3月为旱季，雨季河水泛滥，大片地区积水，看起来宛如湖泊。

数据	
地区	委内瑞拉、哥伦比亚
海拔	约300米
面积	约58万3000平方千米
主要栖息动物	大食蚁兽、水豚、美洲红鹮、草原侧颈龟

近距直击 • • •

处于险境的热带稀树草原

原本人迹罕至的热带稀树草原是众多野生动物的乐土，这里孕育着各种各样的生物，然而最近几十年来，人们为了追求经济发展，大规模地对热带稀树草原地带进行开垦与放牧，导致环境问题日益严重。不仅如此，世界上不少热带稀树草原地带还分布在政局不稳定的地区，导致草原地区深受人类内战等的恶劣影响。南苏丹的波马国家公园分布着大面积的热带稀树草原，然而受内战影响，许多野生动物濒临灭绝。内战结束后南苏丹国内治安恶化，偷猎活动屡禁不止，迅速出台有效的保护政策迫在眉睫。

图为波马国家公园中一种濒危的羚羊——白耳赤羚。人们发现成群结队的白耳赤羚在这里繁衍生息，一度引发热议

【加奈马国家公园】

Canaima National Park

圭亚那高原横跨南美洲6个国家和地区，加奈马国家公园坐落于这一高原的中央。其面积大约是日本四国地区（同属岛面积约1万8800平方千米）的1.6倍。公园内最高的山脉罗赖马山周围分布着面积约达3000平方千米的热带稀树草原。1994年，这一国家公园被列入《世界遗产名录》。就在加奈马国家公园的西北部地区，有远近高低各不同的100多座青山相偎相依，被誉为世界最后的秘境。

数据	
地区	委内瑞拉东南部
海拔	1400米
面积	约3万平方千米
主要栖息动物	猎豹、犰狳、水豚、角雕、水蚺

冰川地形的"展览馆"

蒂瓦希波乌纳穆地区

位于新西兰南岛西南部，1990年被列入《世界遗产名录》。

蒂瓦希波乌纳穆自然风景区由位于新西兰南岛西南部的4个国家公园组成。在这里，你可以尽情观赏新西兰的最高峰——库克峰，还可以将南半球最大的塔斯曼冰川、天工地斧的峡湾等由于地壳运动和冰川侵蚀等作用形成的壮观景致尽收眼底。不仅如此，这里还是见证冈瓦纳古陆形成的地带，是一片保存着原始景观的珍贵宝库。

组成蒂瓦希波乌纳穆地区的 4个国家公园

库克山国家公园

海拔3764米的库克峰是新西兰的最高峰。全长30千米的塔斯曼冰川就在山顶的东侧流动，雪水汇集在山脚下，最终注入普卡基湖。

新西兰西部泰普提尼国家公园

该公园内的福克斯冰川（右图）与弗朗茨·约瑟夫冰川闻名遐迩。冰川每天会流动2～5米，冰川最前端的冰舌部分一直延伸至海岸线10千米处。

阿斯帕林山国家公园

阿斯帕林山脉海拔3036米，在这条山脉周边坐落着美丽的阿斯帕林国家公园。险峻的峡谷与山毛榉原生林是珍稀鸟类赖以栖息的家园。

峡湾国家公园

这一公园的最大特色就是在冰川侵蚀的作用下无数条从悬崖峭壁飞流直下的瀑布组成的瀑布群。其中萨瑟兰瀑布为新西兰落差最大的瀑布，其落差约达580米。

峡湾国家公园的象征性景观：
米尔福德湾

蒂瓦希波乌纳穆约占新西兰国土面积的 1/10。这一名字来源于将这片地区视为神圣之地的古代先祖，在古代先祖马里奥语中，"蒂瓦希波乌纳穆"一词还意味着"翡翠之境"。峡湾国家公园约占这片地区面积的一半，峡湾地形形成于末次冰期结束时，同时也是这一公园的象征性景观。从海中傲然耸立的悬崖绝壁展现着大自然的秀丽与壮观。

125

舞动在极地天空中

倾听极光的声音

但现在对于极光，人们还有一点疑问尚未解开，那就是人类是否能听到极光的声音。

近年来，人们才终于明白这美丽的光芒源自太阳带电粒子流（太阳风）与地球大气层之间绝美壮观的相遇。

极光究竟是如何形成的，自古以来，有数不清的科学家先后对此进行了研究。

仕古罗马神话里，美丽的奥罗拉是掌管黎明、曙光的女神，她负责将曙光与希望洒向人间。据说，是天文学家伽利略最先用奥罗拉来给天际摇曳的极光命名的。1607年11月，在欧洲中部多地都出现了美轮美奂的极光。伽利略看到了这一幕并深深为此而陶醉，他认为，极光是黎明的曙光照到某处后形成的反射现象。

中世纪的欧洲人将极光中的红色与鲜血联系在一起，将其视为不祥之兆。在北欧一些民族的神话与传说当中，极光是连接生者与逝者的天空之桥。在格陵兰岛先祖民族中流传着这样的传说，"死去的女性与婴儿能够通过极光与活着的人相会"。而斯堪的纳维亚半岛的人们则认为"极光是香消玉殒的未婚女子的化身"。

人们对这一现象的来源众说纷纭，那么它究竟是如何形成的呢？解开这一个谜的是瑞典的一位天文学家，他发现每当极光出现，地球内部的地磁场就会发生变化。以此为突破口，19世纪的科学家把地磁的变动现象命名为"地磁风暴"，就这样，极光研究和电磁学两个学科相辅相成，进一步发展起来。

来自太阳的"风"转变成光的瞬间

极光发生在距离地面约80～500千米的高空。那里是一片叫作"电离层"的空间，是宇宙空间与地球的交界处。值得一提的是，臭氧层位于距离地面约20～25千米的位置，国际宇宙空间站则是在离地面约400千米外

主要活跃于19世纪法国画家笔下的曙光女神奥罗拉。传说夜色覆盖大地时，是她将光芒洒向地面

飞行运作。

等离子体（带电粒子流）被称为来自太阳的"风"，这阵"太阳风"常常吹到地球来。每当这种带电粒子进入地球大气圈时，就会与大气分子形成冲击，此时出现的发光现象就是极光。

这里就出现了一个问题。如果说等离子体是源于太阳，那么极光难道不应该多发生在昼半球吗？现实却是，极光常常出现在没有太阳光的夜半球。

实际上，来自太阳风的压力时刻压缩着地球白昼时的磁场。然而，到了夜间，磁力线延长了，就像长出了尾巴。这些"尾巴"的中间部位有着一些弱磁场，人们称之为等离子片。从太阳吹来的等离子体粒子聚集并且滞留在地球的夜半球。接着，这些原本聚集在此的粒子突然被释放了，沿着磁力线急剧下降至宇宙空间与地球的边界——电离层。正像前面所说的那样，这些带电粒子与大气中的分子猛烈撞击发出光来，这光

宇宙空间站拍摄到的极光。也就是太空视角下的极光。从地面由近及远依次呈现出紫色、绿色、蓝色。左上方亮光处为满月。地面发光处为自芬兰起到俄罗斯、爱沙尼亚以及拉脱维亚

2013年2月，冰岛的居尔布林于县夜空舞动的极光。维京人称极光为"极北之光"。现代英语中也使用northern lights来表示极光

就是舞动着的极光。

其实，科学地来讲，极光是静止的。我们之所以看到它在动，是因为极光像电子广告牌上的文字似的，发光的位置在渐次改变，才给人留下它在"舞动"的视觉印象。

我们能听到极光的声音吗？

北美地区的先祖民族间流传着这样一段话："极光出现时，人们会听到'啾啾'声，那声音是天上的神灵在向地上的人们问好。"

但是，极光真的会发出声音吗？

在揭晓谜底之前，让我们先来看看极光的绚烂色彩取决于哪些因素。极光的颜色受多方面复杂因素的影响，比如大气的成分、发光的反应时间等等。说得更纯粹一些，地球大气的不同原子与分子之间出现撞击，会使极光出现不同的颜色。

若氧原子与带电粒子撞击，极光会呈绿色和红色；若氮原子与带电粒子撞击，极光则会呈红色与蓝色；这些颜色混杂在一起又会出现白绿色及粉色、紫色等。此外，空气中的氧气与氮气在不同高度有着不同的浓度，所以红色的极光往往出现在约 250 千米以上的高空，而白绿色极光出现在距离地面约 100～250 千米的地方，粉色与紫色的极光则是在 100 千米左右的高空闪耀着。

对于极光声音的记载始于古罗马时代，在现代，以许多极光研究者为首，很多人也纷纷表示听到过极光的"声音"。但是，出现极光的极地上空，空气密度小，声音几乎无法传播，假设声音真的传到地面，也会有一定延迟，所以极光与它的声音难以同时出现。

那么人们听到的是幻觉吗？也有一种说法称，从极光发出的电波会在某些人的脑中转化为声音，但现在这一假说并无科学依据。

关于极光还有许多未解之谜，比如等离子体被释放的原因。极光的神秘感深深地吸引着人们。

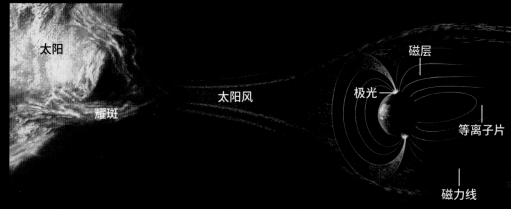

太阳

耀斑

太阳风

磁层

极光

等离子片

磁力线

受太阳风的影响，地球磁场出现变形。位于夜半球的极地等离子体粒子从等离子片开始，沿着磁力线的方向下降，于是产生了极光

Q 双足直立行走能力带来了"分娩之痛"？

A 作为唯一能够双足直立行走的物种，我们也不得不承受腰酸背痛这些人类才有的痛苦。而且，为了适应双足直立行走，人类的骨骼发生了变化，尤其是骨盆的形状发生了巨大改变。由此一来，女性在分娩时就伴随着巨大的痛苦。人类在进化过程中，为了适应直立行走，女性的子宫容积变小，产道变窄，而与此同时，支撑内脏器官的肌肉又变得很发达，因此在分娩时，子宫口很难轻易扩张。另外，由于人类的大脑逐渐发达，婴儿在出生时大脑就已经不小了，头部较难通过母亲狭窄的产道。正如上面所述，有人说，现代人类是哺乳动物中最"难产"的物种。总而言之，人类虽然在进化时获得了双足直立行走的能力，拥有了发达的大脑，但这些"优势"也给母亲带来了巨大的痛苦。

Q 类人猿与人类究竟有多相似？

A 黑猩猩、大猩猩等类人猿与人类，是由共同的祖先分化进化的。那么类人猿与人类的基因组有多少差异呢？不同的计算方法会得出不同的数据，但是将人类与类人猿进行比对时，两者间的非编码脱氧核糖核酸（non-coding DNA，即不翻译蛋白质的 DNA）只有约 0.6% 的差异，其他 DNA 只有约 1.2% 的差异。人们常认为非编码 DNA 是造成"真正的差异"的原因，无论怎么说，两者之间只有近 1% 的差别，所以，从基因组来看，类人猿与人类可谓是近亲。

在大约700万年前，类人猿与人类的共同祖先分化进化，一支进化为与人类最为相似的黑猩猩，另一支则逐渐向现代人类进化。图片取自1938年的电影《泰山的复仇》

人们推测，在大约 20 万年前—12 万年前，非洲大陆上生活着离所有现代人类最近的共同女性祖先

现代

线粒体夏娃

男性 女性

Q 为什么360万年前的人类脚印能留到现在？

A 坦桑尼亚的莱托里遗址，位于地壳活动频繁的东非大裂谷以东，人们在那里发现了南方古猿阿法种的脚印化石。大约 360 万年前，莱托里往东 20 千米左右，是当时处于活动期的萨迪曼火山。由于火山频繁喷发，在干旱期即将结束时，莱托里草原一带堆积了许多细密的火山灰，降雨量很小。富含无机碳酸盐的火山喷出物与雨水混合以后，坚硬如水泥。因此，若有生物从上面走过，它们的脚印会留在那里并且干燥定型。在那以后，火山再次喷发，被雨水淋过的火山灰将此前的脚印埋在下层，形成凝灰岩。经过数百万年，脚印也就变成了化石。在延伸了约 27 米的人类脚印化石附近，还残留着马类的祖先——已经灭绝的三趾马以及其他肉食性动物的足迹化石。

曾频繁喷发的萨迪曼火山，火山喷发活动使莱托里遗址的脚印化石保存至今。不过如今的萨迪曼是一座看起来十分静美的死火山

Q 对人类祖先的了解能达到什么程度？

A 我们线粒体内的 DNA 只能遗传自母亲，通过比较线粒体 DNA 的系统差异，我们可以追溯并了解到作为现代人类的共同祖先的女性的信息。这位女性被称为线粒体夏娃。但这不是说线粒体夏娃就是历史上所有人类的祖先。由于线粒体 DNA 只能遗传自母亲，所以如果女性没有生育子孙，且母系走向终结，只出现了男性子孙时，后代自然就无法继承线粒体 DNA。在线粒体夏娃及其之前的时代，当然也存在着其他女性，只不过由于其他女性的母系走向终结，其线粒体没能流传到今天。因此，线粒体夏娃也是至今为止唯一尚未灭绝的幸运母系。所以也有人称之为"幸运之母"。

这套书一言以蔽之就是"大"：开本大，拿在手里翻阅非常舒适；规模大，有 50 个循序渐进的专题，市面罕见；团队大，由数十位日本专家倾力编写，又有国内专家精心审定；容量大，无论是知识讲解还是图片组配，都呈海量倾注。更重要的是，它展现出的是一种开阔的大格局、大视野，能够打通过去、现在与未来，培养起孩子们对天地万物等量齐观的心胸。

面对这样卷帙浩繁的大型科普读物，读者也许一开始会望而生畏，但是如果打开它，读进去，就会发现它的亲切可爱之处。其中的一个个小版块饶有趣味，像《原理揭秘》对环境与生物形态的细致图解，《世界遗产长廊》展现的地球之美，《地球之谜》为读者留出的思考空间，《长知识！地球史问答》中偏重趣味性的小问答，都缓解了全书讲述漫长地球史的厚重感，增加了亲切的临场感，也能让读者感受到，自己不仅是被动的知识接受者，更可能成为知识的主动探索者。

在 46 亿年的地球史中，人类显得非常渺小，但是人类能够探索、认知到地球的演变历程，这就是超越其他生物的伟大了。

——清华大学附属中学校长

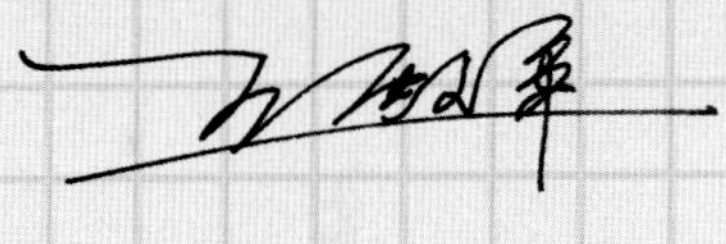

纵观整个人类发展史，科技创新始终是推动一个国家、一个民族不断向前发展的强大力量。中国是具有世界影响力的大国，正处在迈向科技强国的伟大历史征程当中，青少年作为科技创新的有生力量，其科学文化素养直接影响到祖国未来的发展方向，而科普类图书则是向他们传播科学知识、启蒙科学思想的一个重要渠道。

"46 亿年的奇迹：地球简史"丛书作为一套地球百科全书，涵盖了物理、化学、历史、生物等多个方面，图文并茂地讲述了宇宙大爆炸至今的地球演变全过程，通俗易懂，趣味十足，不仅有助于拓展广大青少年的视野，完善他们的思维模式，培养他们浓厚的科研兴趣，还有助于养成他们面对自然时的那颗敬畏之心，对他们的未来发展有积极的引导作用，是一套不可多得的科普通识读物。

——河北衡水中学校长

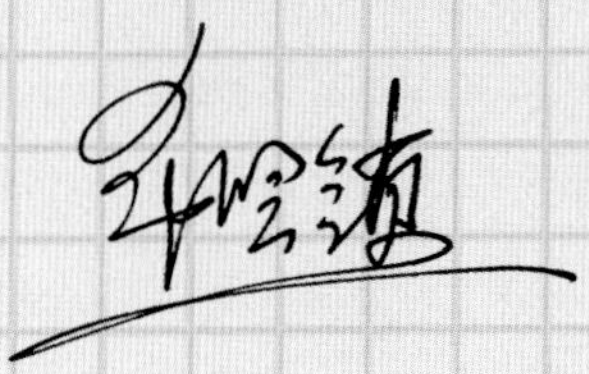

"46亿年的奇迹：地球简史"值得推荐给我国的少年儿童广泛阅读。近20年来，日本几乎一年出现一位诺贝尔奖获得者，引起世界各国的关注。人们发现，日本极其重视青少年科普教育，引导学生广泛阅读，培养思维习惯，激发兴趣。这是一套由日本科学家倾力编写的地球百科全书，使用了海量珍贵的精美图片，并加入了简明的故事性文字，循序渐进地呈现了地球46亿年的演变史。把科学严谨的知识学习植入一个个恰到好处的美妙场景中，是日本高水平科普读物的一大特点，这在这套丛书中体现得尤为鲜明。它能让学生从小对科学产生浓厚的兴趣，并养成探究问题的习惯，也能让青少年对我们赖以生存、生活的地球形成科学的认知。我国目前还没有如此系统性的地球史科普读物，人民文学出版社和上海九久读书人联合引进这套书，并邀请南京古生物博物馆馆长冯伟民先生及其团队审稿，借鉴日本已有的科学成果，是一种值得提倡的"拿来主义"。

　　　　　　　　　　　　　　　　　　　　　　　——华中师范大学第一附属中学校长

　　　　　　　　　　　　　　　　　　　　　　　　　　周鹏程

　　青少年正处于想象力和认知力发展的重要阶段，具有极其旺盛的求知欲，对宇宙星球、自然万物、人类起源等都有一种天生的好奇心。市面上关于这方面的读物虽然很多，但在内容的系统性、完整性和科学性等方面往往做得不够。"46亿年的奇迹：地球简史"这套丛书图文并茂地详细讲述了宇宙大爆炸至今地球演变的全过程，系统展现了地球46亿年波澜壮阔的历史，可以充分满足孩子们强烈的求知欲。这套丛书值得公共图书馆、学校图书馆乃至普通家庭收藏。相信这一套独特的丛书可以对加强科普教育、夯实和提升我国青少年的科学人文素养起到积极作用。

　　　　　　　　　　　　　　　　　　　　　　　——浙江省镇海中学校长

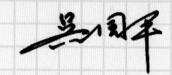

人类文明发展的历程总是闪耀着科学的光芒。科学，无时无刻不在影响并改变着我们的生活，而科学精神也成为"中国学生发展核心素养"之一。因此，在科学的世界里，满足孩子们强烈的求知欲望，引导他们的好奇心，进而培养他们的思维能力和探究意识，是十分必要的。

摆在大家眼前的是一套关于地球的百科全书。在书中，几十位知名科学家从物理、化学、历史、生物、地质等多个学科出发，向孩子们详细讲述了宇宙大爆炸至今地球46亿年波澜壮阔的历史，为孩子们解密科学谜题、介绍专业研究新成果，同时，海量珍贵精美的图片，将知识与美学完美结合。阅读本书，孩子们不仅可以轻松爱上科学，还能激活无穷的想象力。

总之，这是一套通俗易懂、妙趣横生、引人入胜而又让人受益无穷的科普通识读物。

——东北育才学校校长

读"46亿年的奇迹：地球简史"，知天下古往今来之科学脉络，激我拥抱世界之热情，养我求索之精神，蓄创新未来之智勇，成国家之栋梁。

——南京师范大学附属中学校长

我们从哪里来？我们是谁？我们要到哪里去？遥望宇宙深处，走向星辰大海，聆听150个故事，追寻46亿年的演变历程。带着好奇心，开始一段不可思议的探索之旅，重新思考人与自然、宇宙的关系，再次体悟人类的渺小与伟大。就像作家特德·姜所言："我所有的欲望和沉思，都是这个宇宙缓缓呼出的气流。"

——成都七中校长

看到这套丛书的高清照片时，我内心激动不已，思绪倏然回到了小学课堂。那时老师一手拿着篮球，一手举着排球，比画着地球和月球的运转规律。当时的我费力地想象神秘的宇宙，思考地球悬浮其中，为何地球上的江河海水不会倾泻而空？那时的小脑瓜虽然困惑，却能想及宇宙，但因为想不明白，竟不了了之，最后更不知从何时起，还停止了对宇宙的遐想，现在想来，仍是惋惜。我认为，孩子们在脑洞大开、想象力丰富的关键时期，他们应当得到睿智头脑的引领，让天赋尽启。这套丛书，由日本知名科学家撰写，将地球46亿年的壮阔历史铺展开来，极大地拉伸了时空维度。对于爱幻想的孩子来说，阅读这套丛书将是一次提升思维、拓宽视野的绝佳机会。

——广州市执信中学校长

　　这是一套可作典藏的丛书：不是小说，却比小说更传奇；不是戏剧，却比戏剧更恢宏；不是诗歌，却有着任何诗歌都无法与之比拟的动人深情。它不仅仅是一套科普读物，还是一部创世史诗，以神奇的画面和精确的语言，直观地介绍了地球数十亿年以来所经过的轨迹。读者自始至终在体验大自然的奇迹，思索着陆地、海洋、森林、湖泊孕育生命的历程。推荐大家慢慢读来，应和着地球这个独一无二的蓝色星球所展现的历史，寻找自己与无数生命共享的时空家园与精神归属。

——复旦大学附属中学校长

地球是怎样诞生的，我们想过吗？如果我们调查物理系、地理系、天体物理系毕业的大学生，有多少人关心过这个问题？有多少人猜想过可能的答案？这种猜想和假说是怎样形成的？这一假说本质上是一种怎样的模型？这种模型是怎么建构起来的？证据是什么？是否存在其他的假说与模型？它们的证据是什么？哪种模型更可靠、更合理？不合理处是否可以修正、如何修正？用这种观念解释世界可以为我们带来哪些新的视角？月球有哪些资源可以开发？作为一个物理专业毕业、从事物理教育30年的老师，我被这套丛书深深吸引，一口气读完了3本样书。

学会用上面这种思维方式来认识世界与解释世界，是科学对我们的基本要求，也是科学教育的重要任务。然而，过于功利的各种应试训练却扭曲了我们的思考。坚持自己的独立思考，不人云亦云，是每个普通公民必须具备的科学素养。

从地球是如何形成的这一个点进行深入的思考，是一种令人痴迷的科学训练。当你读完全套书，经历150个节点训练，你已经可以形成科学思考的习惯，自觉地用模型、路径、证据、论证等术语思考世界，这样你就能成为一个会思考、爱思考的公民，而不会是一粒有知识无智慧的沙子！不论今后是否从事科学研究，作为一个公民，在接受过这样的学术熏陶后，你将更有可能打牢自己安身立命的科学基石！

——上海市曹杨第二中学校长

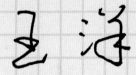

强烈推荐"46亿年的奇迹：地球简史"丛书！

本套丛书跨越地球46亿年浩瀚时空，带领学习者进入神奇的、充满未知和想象的探索胜境，在宏大辽阔的自然演化史实中追根溯源。丛书内容既涵盖物理、化学、历史、生物、地质、天文等学科知识的发生、发展历程，又蕴含人类研究地球历史的基本方法、思维逻辑和假设推演。众多地球之谜、宇宙之谜的原理揭秘，刷新了我们对生命、自然和科学的理解，会让我们深刻地感受到历史的瞬息与永恒、人类的渺小与伟大。

——上海市七宝中学校长

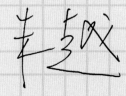

著作权合同登记号 图字01-2020-4519　01-2020-4520　01-2020-4521　01-2020-4522

Chikyu 46 Oku Nen No Tabi 37 Reichourui,Hito Ni Chikazuku!
Chikyu 46 Oku Nen No Tabi 38 Gensei Doubutsu No "Sosen" Arawaru
Chikyu 46 Oku Nen No Tabi 39 "Kieta" Chichuukai to Nihonkai No Tanjou
Chikyu 46 Oku Nen No Tabi 40 Jinrui Tanjou - Saru Kara Bunkishita Kiseki
©Asahi Shimbun Publications Inc. 2014
Originally published in Japan in 2014
By Asahi Shimbun Publications Inc.
Chinese translation rights arranged with Asahi Shimbun Publications Inc.
through TOHAN CORPORATION, TOKYO.

图书在版编目(CIP)数据

显生宙. 新生代. 2 / 日本朝日新闻出版著;杨梦
琦, 王盈盈, 张齐译. --北京:人民文学出版社, 2021(2021.11重印)
(46亿年的奇迹:地球简史)
ISBN 978-7- 02-016542-1

Ⅰ.①显… Ⅱ.①日… ②杨… ③王… ④张… Ⅲ.
①新生代—普及读物 Ⅳ.①P534.4-49

中国版本图书馆CIP数据核字(2020)第134581号

总 策 划　黄育海
责任编辑　甘　慧　欧雪勤
装帧设计　汪佳诗 钱　珺 李　佳 李苗苗

出版发行　人民文学出版社
社　　址　北京市朝内大街166号
邮政编码　100705

印　　制　凸版艺彩(东莞)印刷有限公司
经　　销　全国新华书店等

字　　数　220千字
开　　本　965毫米×1270毫米　1/16
印　　张　8.75
版　　次　2021年1月北京第1版
印　　次　2021年11月第4次印刷

书　　号　978-7-02-016542-1
定　　价　100.00元

如有印装质量问题, 请与本社图书销售中心调换。电话:010-65233595